U0332130

国家出版基金项目
NATIONAL PUBLICATION FOUNDATION

有色金属理论与技术前沿丛书

氧化钨基纳米结构薄膜电极的制备及光电性能

PREPARATION AND PHOTOELECTROCHEMICAL PERFORMANCE OF WO_3 NANOSTRUCTURED PHOTOELECTRODES

李文章　李洁　著
Li Wenzhang Lijie

中南大学出版社
www.csupress.com.cn

中国有色集团

内容简介

Introduction

该书以介绍国内外用于光电化学分解水的半导体氧化物薄膜电极为基础，着重阐述纳米结构氧化钨薄膜的光电化学行为。作者通过采用纳米结构光电极有序构建、光电化学特性研究、光生电子－空穴传输模型建立、电极掺杂改性等途径建立和优化纳米结构氧化钨光电化学体系，着重研究了纳米结构氧化钨薄膜电极的制备工艺和相应的光电化学性能，并对其光电化学反应的机理进行了一定程度的探索。此外，研究了有序纳米结构的氧化钨材料进行掺杂改性，进一步提高有序氧化钨纳米材料的光电性能，拓展了其太阳能应用的潜能。

该书内容丰富、数据翔实、结构严谨、可读性强，可以作为材料科学和光电电化学相关专业教学或参考用书，也可以供从事钨基材料研究、开发和生产的科技人员参考。

作者简介

About the Authors

李文章，男，1982 年 7 月生，冶金物理化学博士，副教授，硕士研究生导师，主要从事以钨、铝等有色金属为基础的新能源材料与器件研究工作，在电催化及光电转化领域取得了一系列研究进展。先后主持承担国家自然科学基金、国家 863 子课题、湖南省自然科学基金、中央高校基本科研基金及中国博士后基金面上项目等多个项目。以第一作者及通讯作者在 *Journal of Physical Chemistry C*, *ACS Applied Materials & Interfaces*, *Journal of Materials Chemistry*, *Electrochimica Acta*, *Journal Power Sources* 等国内外知名期刊发表论文 30 余篇，申请专利 1 项。

李洁，女，1965 年 10 月生，教授，博士研究生导师，中国有色金属学会冶金物理化学学术委员会委员，2003—2004 年在英国牛津大学做访问学者，教育部"新世纪优秀人才支持计划"，获得省部级科技进步二等奖 1 项(排名第二)，省级自然科学奖一等奖 1 项(排名第四)。先后主持国家 863 项目 2 项，国家自然科学基金项目 2 项，湖南省重大科技攻关项目 1 项，其中 2005 年主持的国家 863 项目"光解水用多金属的设计与制备技术"在科技部验收评估中获得优秀。长期从事冶金及材料物理化学研究，多年来在湿法冶金及无机材料合成研究方法，以及复杂体系结构与性能关系方面取得了一系列成果，以第一或通讯作者在 *Journal of Physical Chemistry C*, *ACS Applied Materials & Interfaces*, *Hydrometallurgy*, *Journal of Materials Chemistry*, *Electrochimica Acta* 等期刊发表论文 40 余篇，申请及授权专利 10 余项。

学术委员会

Academic Committee

国家出版基金项目
有色金属理论与技术前沿丛书

编辑出版委员会

Editorial and Publishing Committee

国家出版基金项目
有色金属理论与技术前沿丛书

总序

Preface

当今有色金属已成为决定一个国家经济、科学技术、国防建设等发展的重要物质基础，是提升国家综合实力和保障国家安全的关键性战略资源。作为有色金属生产第一大国，我国在有色金属研究领域，特别是在复杂低品位有色金属资源的开发与利用上取得了长足进展。

我国有色金属工业近30年来发展迅速，产量连年来居世界首位，有色金属科技在国民经济建设和现代化国防建设中发挥着越来越重要的作用。与此同时，有色金属资源短缺与国民经济发展需求之间的矛盾也日益突出，对国外资源的依赖程度逐年增加，严重影响我国国民经济的健康发展。

随着经济的发展，已探明的优质矿产资源接近枯竭，不仅使我国面临有色金属材料总量供应严重短缺的危机，而且因为“难探、难采、难选、难冶”的复杂低品位矿石资源或二次资源逐步成为主体原料后，对传统的地质、采矿、选矿、冶金、材料、加工、环境等科学技术提出了巨大挑战。资源的低质化将会使我国有色金属工业及相关产业面临生存竞争的危机。我国有色金属工业的发展迫切需要适应我国资源特点的新理论、新技术。系统完整、水平领先和相互融合的有色金属科技图书的出版，对于提高我国有色金属工业的自主创新能力，促进高效、低耗、无污染、综合利用有色金属资源的新理论与新技术的应用，确保我国有色金属产业的可持续发展，具有重大的推动作用。

作为国家出版基金资助的国家重大出版项目，《有色金属理论与技术前沿丛书》计划出版100种图书，涵盖材料、冶金、矿业、地学和机电等学科。丛书的作者荟萃了有色金属研究领域的院士、国家重大科研计划项目的首席科学家、长江学者特聘教授、国家杰出青年科学基金获得者、全国优秀博士论文奖获得者、国家重大人才计划入选者、有色金属大型研究院所及骨干企业的顶尖专家。

国家出版基金由国家设立，用于鼓励和支持优秀公益性出版项目，代表我国学术出版的最高水平。《有色金属理论与技术前沿丛书》瞄准有色金属研究发展前沿，把握国内外有色金属学科的最新动态，全面、及时、准确地反映有色金属科学与工程技术方面的新理论、新技术和新应用，发掘与采集极富价值的研究成果，具有很高的学术价值。

中南大学出版社长期倾力服务有色金属的图书出版，在《有色金属理论与技术前沿丛书》的策划与出版过程中做了大量极富成效的工作，大力推动了我国有色金属行业优秀科技著作的出版，对高等院校、研究院所及大中型企业的有色金属学科人才培养具有直接而重大的促进作用。

王淀佐

2010年12月

前言

Foreword

光电化学技术以直接利用太阳能作为能量来驱动反应，已成为当前洁净能源生产和环境污染治理的重要手段。通过光电化学技术开发的清洁能源有效地利用了太阳光的能量，有望解决社会面临的能源短缺问题。然而，目前光电化学光阳极的催化材料主要为 TiO_2、ZnO 等宽禁带半导体氧化物，仍需要通过紫外光激发，无法充分利用太阳能；高性能光阳极材料制备工艺复杂、条件苛刻，难以实现工业化，且材料形貌的有序性有待于进一步提高；此外，光生电子在半导体光电极的传输过程和机理还有待进一步研究。

目前，主要从材料筛选、微纳设计和结构改性等方面对光电化学池阳极材料进行研究，一方面在提高电子传输性能的同时拓展其可见光响应范围，提高其综合光电性能；另一方面发展短流程低成本的氧化物薄膜制备方法，获得不同微纳结构的薄膜电极。此外，光生电子传输机制的研究对于阳极材料的设计及制备至关重要，深入分析薄膜电极在光电化学反应过程的电子传输机制是开发高性能光阳极材料的关键。

本书以光电化学分解水体系用氧化钨阳极材料为背景，采用光电化学方法结合显微组织的表征，从纳米结构光电极有序构建、光电化学特性研究、电极掺杂改性材料及光生电子－空穴传输模型建立等方面研究氧化钨薄膜电极的光电化学行为，目的在于提高其综合光电性能。全书分为 6 章，内容分别如下：第 1 章，介绍国内外氧化钨阳极材料在光电化学中的应用及其研究现状；第 2 章，介绍半导体氧化钨薄膜的制备及研究方法；第 3 章，研究了氧化钨薄膜聚合物前驱体制备方法及光电化学特性；第 4 章，研究了纳米孔状氧化钨薄膜的阳极制备工艺；第 5 章，针对氧化钨薄膜的光响应范围较窄的问题，通过氨气/氮气气氛热处理对其进行掺杂改性；第6章，研究了两种纳米结构氧化钨薄膜电极的界面电荷转移动力学过程。

本书的出版得到了国家自然科学基金青年科学基金项目（编号：51304253）和中国博士后科学基金面上资助项目（编号：2012M511414）的支持，在此一并表示感谢。

由于作者的学术水平有限，本书难免存在一些不足或错误之处，敬请广大同行专家批评指正。

目录

Contents

第1章 绪论

1.1 引言

能源供应已成为现代工业社会的核心问题。社会经济发展及政治稳定离不开充裕能源的供应。随着世界化石能源供应的下降，对能源高效转换、保护及可再生能源技术的需求变得越来越迫切。据统计，美国2007年85%的能源消耗主要来自化石燃料，其中40%以上来自石油，而可再生能源只占6%左右。随着世界人口的增加，特别是对于发展中国家，对能源的需求日益增加，因此开发和利用新能源和可再生能源是必然的趋势。

作为一种可再生的纯净能源，太阳能具有多方面的优势[1]：①太阳能资源丰富，能够可持续供应；②清洁安全，无任何环境污染物产生；③不受地理条件限制，具有良好的可推广性，因而是目前最为理想的可再生能源。

光电化学技术以直接利用太阳能作为能量来驱动反应，已成为当前洁净能源生产和环境污染治理的重要手段[2]。通过光电化学技术开发的清洁能源有效地利用了太阳光的能量，这除了可以解决社会面临的能源短缺问题外，还能够降低目前大量使用化石燃料对环境的污染[3,4]。此外，随着环境污染的日益严重，利用光电化学技术降解有机物已成为研究的热点[5,6]，其在环境污染治理方面将扮演极其重要的角色。目前研究较多的是半导体纳米材料，特别是纳米TiO_2的光电性质，其在光电化学领域扮演着重要的角色[5,7,8]。但TiO_2也存在明显缺点，如禁带宽度较大(3.0~3.2 eV)，仅可利用太阳光谱中5%的光等[9-11]。

三氧化钨(WO_3)是一种间接带隙跃迁的半导体材料，其具有优良的光电化学特点，如电致变色[12,13]、光致变色[14,15]、气敏特性[16,17]及优良的光催化特性[18,19]，被广泛地应用于电致和光致变色器件、气体传感器以及光催化剂等领域。与TiO_2相比，WO_3的禁带宽度较窄(2.5~3.0 eV)，相应的吸收波长为410~500 nm，在可见光条件下具有良好的光电响应性能，因此近几年来引起了许多研究小组的关注[20-25]。

中国作为全球最大的钨产品生产国和出口国，目前的钨资源主要应用于硬质合金生产和钢铁冶金等领域，许多钨矿资源以初级产品的方式出口，大大地降低了产品的附加值[26]。作为一种稳定的钨基氧化物，氧化钨是最重要的钨产品之一。因此，开发出高效稳定的氧化钨半导体光电化学材料，不仅对于解决能源、污染问题具有重要的现实意义，也可为我国丰富钨资源的利用开辟新的途径。

1.2 WO_3 的性质及晶体结构

1.2.1 WO_3 的基本性质

作为典型的过渡金属元素，钨的外层电子结构为 $5d^4 6s^2$，其特殊的电子排布方式使得钨元素在化合物中具有多种价态，主要包括 +2，+3，+4，+5 及 +6 等几种价态[27]。因而，在钨的氧化物中钨常以多种价态形式存在，其中以 WO_3 最为稳定。WO_3 本质上是一种不溶于水和稀酸的酸酐，一般常见为黄色粉末，熔点为 1473℃，沸点约为 1700℃[28]。

1.2.2 WO_3 的晶体结构

WO_3 是一种多晶型的化合物，常见的 n 型半导体，由于晶体结构复杂并呈现铁电性，其物理性质非常的特殊[29, 30]。严格意义上的满足化学计量比的 WO_3 晶体结构为钙钛矿结构，出现 A 阳离子的缺失，即畸变的 ABO_3 形式钙钛矿结构[31]。如图 1-1 所示，氧原子构成正八面体，一个钨原子位于此正八面体的中央。通常 WO_3 中的氧并不满足严格的计量比，而是存在不同程度的氧缺位，因此一般以 WO_{3-x} 的形式来表示。

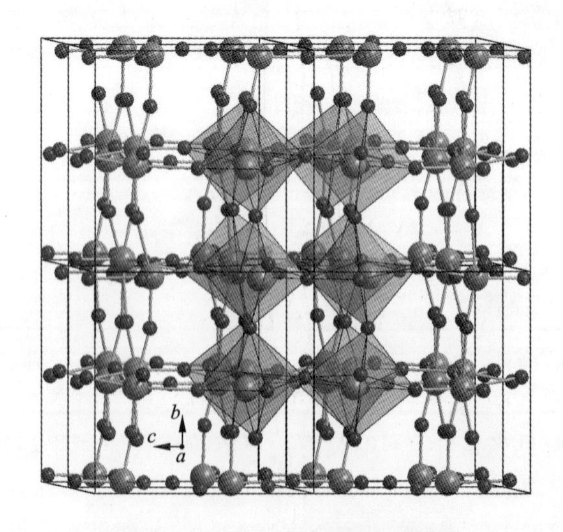

图 1-1 WO_3 晶体结构示意图

Fig. 1-1 Schematic diagram of WO_3 Crystal structures

由于存在不同的氧缺位，WO_{3-x}的晶体结构比较复杂。研究表明[31, 32]，氧缺位数量的增加导致其在 WO_3 晶格内部分布更有规则，并同时形成切变面。当 $x<0.02$ 时，切变面呈无规则状态分布于各个方向上；当 $x>0.02$ 时，切变面逐渐向相互平行排列的趋势发展。切变面排列的有规则程度随 WO_{3-x}的还原程度不断增加。理论上，切变面的完全有序化将导致 W_nO_{3n-1}型的 Magneli 相的形成，而 WO_3 是 Magneli 相在 n 趋于无穷大时的极端结构。

温度是影响 WO_3 的晶体结构主要因素之一[30, 33, 34]。根据 Toshikazu 的研究[35]，在 -40 ~ 740℃的温度范围内，WO_3 至少发生 5 次晶体结构的转变。在低温条件下，WO_3 晶体结构为单斜(LT)晶型及三斜晶型。随着温度的上升，将出现单斜晶型、正交晶型及正方晶型。而另外两个其他的四方晶型将出现在 900℃以上。表 1 -1 和表 1 -2 列出了升温和降温过程 WO_3 的结构演变。随着近年来晶体结构研究方法的发展，关于 WO_3 块体材料的晶相变化研究工作正逐步完善。综合 Tanisaki[33] 和 Vogt[30] 等的研究工作，WO_3 块体材料晶相变化的次序为：单斜 Pc ($\varepsilon-WO_3$)(233 K)→三斜 P1($\delta-WO_3$)(298 K)→单斜 $P2_1/n$($\lambda-WO_3$)(623 K)→正交 Pbcn($\beta-WO_3$)(1023 K)→四方 P4/ncc($\alpha-WO_3$)(1200 K)→P4/nmm。

表 1 -1 升温过程 WO_3 的相变温度

Table 1 -1 Phase transition temperature of WO_3 in temperature-rise period

温度/℃	< -25	-25 ~ 室温	室温 ~ 330	330 ~ 740	>740
晶相	低温单斜	三斜	单斜	正交	正方

表 1 -2 降温过程 WO_3 的相变温度

Table 1 -2 Phase transition temperature of WO_3 in temperature-fall period

温度/℃	< -40	-40 ~ -17	-17 ~ -285	285 ~ 710	>710
晶相	低温单斜	三斜	单斜	正交	正方

需要指出的是，WO_3 的每一个相变过程是在原有钨 - 氧八面体的基础上进行一定程度的调整和扭曲，并未对原有的晶体结构进行重建。一般认为，钨原子从八面体中心向其棱边的位移及氧八面体的畸变是导致 WO_3 产生相变的原因。Sleight 等[36]的研究发现，对于畸变理想的 WO_3 正八面体，单斜和三斜的 WO_3 除了在(010)的投影有所区别外，二者的晶相结构相同。这两种结构 WO_3 的钨原子均以同样的方式从八面体中心位置向八面体的一个边位移。因此，每一个钨原子

均具有两个短的、两个中等的和两个长的氧键，而两种晶相结构的 WO_3 的钨—氧键平均键长基本上相同。

此外，薄膜结构 WO_3 的晶相变化与体相 WO_3 的结构转变既有相似之处，又有其特殊的规律。Mohammad 等[34]的研究发现，当热处理温度低于 100℃时，WO_3 薄膜为无定型结构；温度在 100 ~ 200℃时，为水合 $WO_3 \cdot 1/3H_2O$；当温度高于 200℃时，薄膜的晶粒尺寸变大，$WO_3 \cdot 1/3H_2O$ 转变为混合的单斜和六方的 WO_3；随着温度进一步升高，薄膜转变为稳定的单斜 WO_3。值得注意的是，WO_3 薄膜的晶体结构变化除与温度有关外，还与制备方法、镀膜衬底及前驱体有关，而目前关于这方面的文献相对较少。

1.3 WO_3 纳米薄膜材料的制备方法

目前关于各种用途的 WO_3 薄膜制备方法均有文献报道。不同的制备方法和条件对薄膜器件的性能会产生很大的影响。纳米 WO_3 薄膜的制备方法主要有溅射法、溶胶凝胶法、阳极氧化法、蒸发法、电化学沉积法及化学气相沉积法等。以下对各种方法作简单介绍。

1.3.1 溅射法

溅射法的原理是采用高能量惰性气体粒子轰击靶材，将靶材表面原子溅射出后沉积到基底表面形成薄膜。Marsen 等[37]以钨为靶材，低温条件（<250℃）Ar/O_2气氛下制备了用于光解水的 WO_3 薄膜，发现薄膜的晶体结构与沉积条件密切相关，在较高温度下为多晶结构。此外，他们进一步研究了氧气压强对 WO_3 薄膜光电化学性质的影响，发现较高的氧压有利于 WO_3 光电性能的提高[38]。Gullapalli 等[39, 40]采用射频磁控溅射法在 Si(100)制备了用于检测 H_2S 气体的纳米晶结构 WO_3 薄膜，研究了反应温度对其形貌结构、化学组成及光学特性的影响，当反应温度从 100℃上升到 500℃，相应的颗粒粒径从 12 nm 增加到 62 nm。与传统采用金属钨靶材不同，M. Acosta 等[41]以纯度 99.9% 的 WO_3 为靶材，利用无反应磁控溅射法在不同氩气压强下制备 WO_3 薄膜，所获的薄膜经 350℃热处理后具有优良的性能。

溅射法的主要优点是成膜效率及样品纯度高，与镀膜衬底结合良好，抗机械性能良好，通过控制反应温度和气氛压力可获得性能理想的 WO_3 薄膜。但该工艺控制流程复杂，制造成本高，不利于大范围的推广生产。

1.3.2　溶胶－凝胶法

溶胶－凝胶法是将金属有机、无机化合物或两者的混合物经过水解缩聚凝胶化，在基底进行固化后经热处理形成氧化物或化合物薄膜固体的方法。溶胶－凝胶法的最大优势是成本低廉、操作简单、无需复杂设备。此外，采用溶胶－凝胶法可制备大面积或任意形状的薄膜，易于大批量工业生产，但也存在薄膜使用时间短，前驱体溶胶不稳定等问题。目前溶胶－凝胶法制备 WO_3 薄膜典型工艺主要有如下几种：钨酸盐的离子交换法、钨粉过氧化聚钨酸法、钨的醇盐水解法、氯化钨的醇化法等。Santato 等[42-44]以钨酸钠为原料，采用离子交换法制备了前驱体溶胶，加入聚乙二醇作为稳定剂和造孔剂，以浸渍提拉法制得的介孔 WO_3 薄膜具有优良的光电性能。最近意大利的 Meda 研究小组[25]对该工艺进一步优化，比较了包括乙二醇、聚乙二醇、葡萄糖及麦芽糖等不同有机物分散剂对 WO_3 薄膜结构及光电化学性质的影响，他们发现随着有机物分子量的增大，纳米晶薄膜的颗粒尺寸减小，孔隙率增大，更有利于其光电性能的提高。然而，目前钨酸盐的离子交换法工艺存在诸多问题，如 Na^+ 离子交换不完全影响材料性能，溶胶稳定时间短等。

钨粉过氧化聚钨酸法由于工艺过程简单，溶胶纯度高，其主要过程是将金属钨粉溶解于过氧化氢得到过氧钨酸，过滤后加入乙醇低温回流反应得到氧化酯－钨衍生物溶胶，再进行旋涂或浸渍提拉制膜。Deepa 等[45]采用该工艺在 250℃ 条件下制备了三斜晶型的 WO_3 薄膜，薄膜呈致密结构。Baeck 小组[46]在溶胶添加了十二磺基硫酸钠，改善了薄膜的结构，光电流明显提升。钨粉过氧化聚钨酸法是目前文献报道较多的方法，但也存在过氧钨酸溶胶稳定时间较短，不利于大批量生产的问题。相比上述两种方法，钨的醇盐水解法和氯化钨的醇化法工艺相对复杂，条件要求高，中间过程产物难以控制，一般需要惰性气体保护。另外，钨的醇盐及氯化钨原料成本较高，相关的研究报道比较少。

1.3.3　阳极氧化法

阳极氧化法是将金属钨片在适当的电解质中进行电化学氧化制备 WO_3 薄膜。图 1－2 为典型的两电极体系阳极氧化装置，其中金属钨片为阳极，一般以 Pt 片作为阴极，两电极间施加一定电压进行阳极氧化反应。根据不同电解质的特性，阳极氧化可以获得不同孔径结构及厚度的 WO_3 薄膜。2003 年，Mukherjee 小组[47]首次在草酸电解质中制备出了多孔状 WO_3 薄膜，由于草酸是一种弱酸，其刻蚀能力有限，导致无法得到结构规则的纳米多孔结构 WO_3 薄膜。2005 年，德国的 Schmuki 小组[48]利用恒电压阳极氧化法在 NaF 电解液中制备出了多孔状

WO_3，由于氟离子的引入大大降低了材料表面的化学能，因而 WO_3 形貌的有序性有一定提高。

借鉴于 TiO_2 纳米管制备工艺，许多研究工作者对阳极氧化法制备 WO_3 纳米材料进行了多方面的研究。大连理工大学全燮课题组[49]采用两步阳极氧化法制备纳米孔状 WO_3 材料，发现与一步阳极氧化法制备的氧化膜结构区别不大。此外，与 TiO_2 纳米管明显不同的是，采用有机非水体系电解质难以制得膜层较厚的纳米孔结构 WO_3[50, 51]。目前能获得的 WO_3 纳米多孔层的最大厚度约为2 μm，采用的电解质为含氟的浓磷酸[52]。除了含氟离子电解质外，以高氯酸[53]、硝酸[54]等作为电解质也可获得纳米结构的 WO_3 薄膜，但刻蚀氧化效果明显没有含氟电解质好，产物基本为纳米片状结构的 WO_3。

总而言之，阳极氧化法反应过程的特点使其非常适合制备纳米孔、纳米管及纳米片状结构的氧化层薄膜，制备过程快速、简单、成本较低，缺点是阳极氧化体系限制了反应面积，导致难以获得大面积的薄膜。

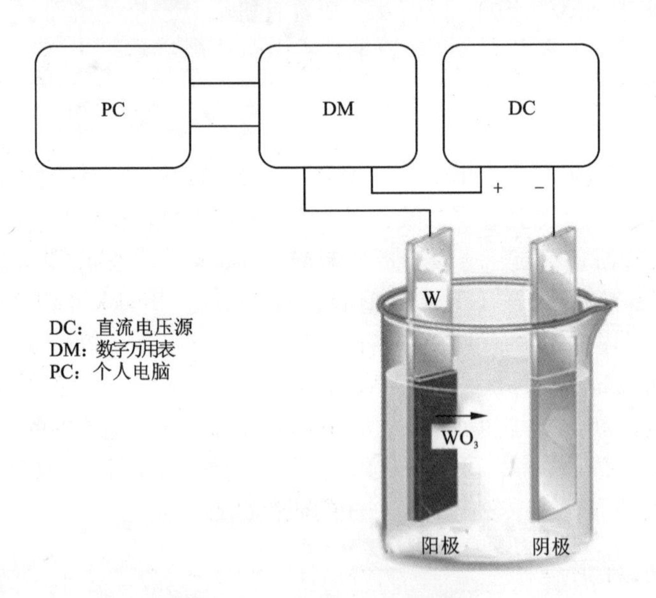

图 1-2 阳极氧化反应装置图

Fig. 1-2 Schematic set-up for anodization experiments

1.3.4 蒸发法

蒸发法包括真空热蒸发和电子束蒸发。常见的主要为真空蒸发法，其原理是在高真空或高纯惰性气氛下对前驱物进行加热蒸发，气态物质冷凝后形成薄膜。

Zhou 等[55]采用此法成功地在单晶硅和石英片上制备了 WO_3 纳米线阵列，其基本过程如下：在高纯氩气保护下，加热钨粉，蒸气在基片上冷凝，即得到 WO_3 纳米线阵列。此外，通过调节蒸发源、气氛及镀膜衬底，可以获得多种不同结构的一维纳米 WO_3 材料。Gu 等[56]在氩气气氛条件下加热钨针尖获得了氧化钨纳米棒。更为有趣的是，Li 等[57, 58]的研究发现在氩气气氛加热钨片制得了有序的氧化钨纳米管及纳米线，而在空气和氩气混合气氛下加热钨片则生长了无序的氧化钨纳米线和纳米带，他们认为这是由于不同气氛诱导氧化钨生长所致。总的说来，蒸发法的优点是制备的产品纯度高，能够制备多种纳米结构的材料，通过改变反应温度、气氛压力等条件可控制材料形貌。但由于反应条件苛刻，制备工艺复杂且设备昂贵，不适宜大面积薄膜的制备。

1.3.5　电化学沉积法

电化学沉积法是在电解质溶液中进行电解形成前驱体，并在电场作用下定向移动到工作电极表面，从而形成薄膜。电化学沉积法制备 WO_3 薄膜主要以钨粉和双氧水反应物为电解质，或直接电解 Na_2WO_4 溶液也可制得 WO_3 薄膜。Monk 等[59]将钨粉溶解于双氧水后得到聚钨酸溶胶，并在溶胶中添加钴、钼等盐，通过电沉积的方法获得了多金属氧化物复合薄膜，相比纯 WO_3 薄膜具有更好的电化学性能。而 Yang 等[60]采用相类似的方法得到聚钨酸溶胶，通过调控硫酸添加量研究了 pH 对 WO_3 薄膜结构的影响，他们发现 pH 在 0.8 ~ 1.1 的范围内可以电沉积获得介孔结构的 WO_3 薄膜，经 450℃ 热处理 10 min 后，颗粒平均尺寸为 12 nm，其光电流密度为未添加硫酸样品的 3 倍，光电化学性能提升十分明显。除了采用钨粉和双氧水外，Yu 等[61]采用了一种新的电沉积方法，他们首先通过离子交换 Na_2WO_4 溶液得到溶胶，再以 4.0 ms 的时间间隔施加 1 mA/cm^2 的电流密度进行电沉积，获得了电致变色性能优良的 WO_3 薄膜。

电沉积法的优点是反应设备简单，通过调节电解液和电压等参数可以控制薄膜结构，特别适合用于制备复合氧化物薄膜，对电负性较大的氧化物薄膜的制备具有优势，但受到镀膜面积的影响，无法制备大面积的 WO_3 薄膜。

1.3.6　化学气相沉积法

化学气相沉积法（CVD）是利用气相化合物分子携带所需原子，在衬底上经过成核、生长两个反应阶段沉积成膜。采用 CVD 法制备 WO_3 薄膜通常使用的前驱体主要为六羰基钨 $W(CO)_6$ 或以其为基础合成的其他钨化合物。Maruyama 等[62]将 $W(CO)_6$ 加热使其转化为蒸气，以 N_2 作为载气将蒸气送到反应室，$W(CO)_6$分解后沉积到基底即可得到 WO_3 薄膜。而后他们对已有的工艺进行改良，以功率为6 W 的低压汞灯作为光源，提高了钨的氧化速率，加速了 WO_3 的沉积速度[63]。Kirss 等[64]则分别以 $W(CO)_6$、WF_6、乙醇钨及四烯丙基钨为前驱体，采用 CVD 法制备了 WO_3 薄膜，并比较了不同前驱体获得的产物的电致变色性能，发现电致变色性能与制备条件及 WO_3 的晶体结构密切相关。Brescacin 等[65]利用低熔点磷取代的钨羟基化合物为前驱体，在高温下采用 CVD 方法制备了磷掺杂的无定型 WO_3 薄膜，薄膜的电致变色效率达到66 cm^2/℃。

化学气相沉积法的主要优点是制备的薄膜产物纯度高，反应参数容易控制，能够一步成膜，缺点是制备成本较高，实验的工艺参数进行放大前后产品差别较大，不利于工业化生产。

此外，WO_3 薄膜的制备方法还有光化学法、水热法、网板印刷法等。由于篇幅有限，未做详细介绍。

1.4 WO_3 纳米材料在光电化学领域的研究进展

纳米 WO_3 材料具有无毒、无害、容易制备、性能稳定、价格低廉以及优良的可见光响应等优点，是一种较为理想的光电化学反应体系光阳极半导体材料，在光电化学领域(光解水、光降解有机污染物及太阳能电池)得到了广泛的应用。

1.4.1 WO_3 纳米材料在光电化学领域中的应用

(1)光解水制氢

1972 年，Fujishima 和 Honda 首次报道在光照条件下，采用 TiO_2 半导体电极所组成的光电化学池将水分解为氢气和氧气[66]，继此许多科研工作者对其他氧化物半导体在光解水制氢方面进行了大量的研究工作[67-71]。

在标准状态下若要把 1 mol H_2O 分解为氢气和氧气需要 273 kJ 的能量，即至少需 2.46 eV 的能量才可将水分子分解为氢气和氧气。通常的电解水反应所需的理论电压相对于标准氢电极电势为 1.23 V，因此如果采用半导体材料对水进行光催化分解反应，理论上材料的禁带宽度必须大于 1.23 eV。在实际的电解水反应过程中，由于过电位的存在及电极极化等其他因素造成的能量损失，最合适的半导体禁带宽度为 2.0～2.2 eV。由于存在较高的过电位，光解水反应的氧化半反应相对更难发生，阻碍了反应析氧反应的进行，从而制约着光解水效率的提高。根据材料结构的不同，WO_3 的禁带宽度为 2.5～2.8 eV，是一种良好的光分解水催化材料。研究发现，在 pH =0 条件下，WO_3 导带底部的电极电势为 +0.4 V，高于水分解还原半反应的电极电势，因而其不能用于析氢反应，但由于其价带空穴具有很强的氧化能力，可用于光催化分解水产氧。

1976年以色列科学家Hodes首次将WO_3用于光解水制氢体系[72]，此后众多的科研工作者对其进行了广泛的研究与应用[73-78]。相对于TiO_2光催化剂，目前WO_3的光转换效率较低。但WO_3具有先天的优势，如禁带宽度较低，无需进行修饰或敏化即具有良好的可见光响应，从而能利用到更多的太阳光。此外，在实际光催化分解水反应体系中，WO_3在长时间光照下能够保持优良的抗光腐蚀性[79]和光生电子传输性能[80]，因此是一种理想的光分解水催化剂。

(2)光降解有机污染物

WO_3是所有过渡金属氧化物中比较理想的光反应催化剂，具有催化性能强、价格低廉、无毒、稳定性好等优点[81-83]。目前WO_3主要应用乙醛、氯仿、染料等有机污染物的降解，其原理是将其分解为CO_2及H_2O等无机物质，分解效率高，具有广泛的应用前景。

WO_3的带隙能为2.7 eV，相当于波长为460 nm光子的能量，当WO_3受到波长小于460 nm的可见光照射时，处于价带的电子被激发到导带，分别在价带和导带上产生具有高活性的光生空穴电子。由于电场的作用，电子与空穴将发生分离，迁移到粒子表面的不同位置。根据热力学理论，WO_3表面的空穴将吸附在其表面的OH^-和水分子氧化成OH·(自由基)。OH·具有很强的氧化能力，能够氧化大部分的有机污染物及部分无机污染物，并降解为CO_2、H_2O等无害物质。另一方面，WO_3表面高活性的电子具有很强的还原能力，可以还原去除水体中的重金属离子。

早期的研究工作主要是将纳米粉体半导体催化剂用于消除水环境中污染物，但存在催化剂回收困难、需动力搅拌维持催化剂悬浮、活性成分损失大等缺点[84,85]。另外，颗粒催化剂可能引起二次污染，难以实现工业化。为克服上述缺点，人们采取了将光催化剂固定化的方法，即将WO_3等催化剂固定在玻璃等基体上，但因此不仅降低了催化剂的比表面积，导致与光的作用面积减少，影响了催化活性，而且还存在着催化剂与基体结合强度低以及基体材料耐酸碱性能差等问题，不利于工业化应用。近几年来，许多新型纳米结构的催化剂，如纳米孔[47,86-88]、纳米管[53,89-91]、纳米线[55,92-94]、纳米棒[19,68,95]，因其具有较大的比表面积，可显著提高催化剂的光催化活性及光电转换效率，引起了人们的广泛关注。如采用电化学阳极氧化法制备的WO_3自组装纳米多孔阵列，极大地提高了薄膜催化剂的比表面积。研究表明[21,22,42-44]，与粉体光催化剂相比，具有一定纳米结构的固定化膜催化剂能够显著提高光催化能力。

(3)太阳能电池

太阳能电池的开发和应用是当前新能源领域的研究热点和前沿课题[96-98]，如何提高转换效率和降低成本是太阳能电池研究的两个关键问题。目前市场上的硅太阳能电池制造成本过高，不利于推广应用。20 世纪 90 年代发展起来的纳米晶二氧化钛(TiO_2)太阳能电池由于具有廉价的成本、简单的工艺及稳定的性能等优点，已成为第一代太阳能电池的有力竞争对手。其制作成本仅为硅太阳能电池的 1/5 ~1/10，光电效率稳定在 10%，寿命能达到 20 年以上。但是如何提高转换效率一直是科学家们研究的焦点。

WO_3 是 PEC 光电化学池常用的光阳极催化材料之一[20-23, 37, 38, 42-44, 99, 100]。相对 TiO_2、ZnO 等光阳极材料(能隙约 3.4 eV)，WO_3 具有更窄的能隙(2.5 ~2.8 eV)；其钙钛矿结构(ABO_3形式中 A 缺位)通过 A 位和 B 位掺杂或取代更容易进行结构调控。因此，钨基氧化物光阳极材料是一类具有良好潜在开发前景的太阳能光电化学电池阳极材料。染料敏化太阳能电池的光阳极材料大部分采用 TiO_2，其原因是相对于钌系光敏材料，TiO_2 是与其具有最佳能级匹配关系的半导体材料。目前关于 WO_3 阳极材料的染料敏化太阳能电池的文献报道比较少。最近澳大利亚的课题组首次报道了基于钌基多吡啶配合物敏化 WO_3 薄膜太阳能电池，其光电转化效率仅为 1.7%，远低于 TiO_2 染料敏化太阳能电池的效率[101]。这主要是因为相对于钌基多吡啶配合物，WO_3 半导体导带能级太低，不能与 LUMO 能级匹配，导致钌基多吡啶配合物敏化 WO_3 薄膜太阳能电池难于获得高的光电转化率。因此，开发非钌系光敏材料、筛选与之匹配的半导体新材料，构建新型敏化太阳能电池，是太阳能电池发展的重要方向。

1.4.2 WO_3 光电化学反应体系的基本原理

半导体的禁带宽度 E_g 是决定电子 - 空穴对产生的主要因素。理想情况下，要求半导体电极在光照条件下不受腐蚀，且在较宽的波长区域均有良好的光电响应。一般情况下，E_g 小的半导体材料较易受腐蚀，而 E_g 较大的半导体又存在对可见光不响应的缺点。二者综合起来，半导体材料的 E_g 不宜过大或过小。WO_3 的禁带宽度为 2.5 ~2.8 eV，因此是较为理想的半导体材料。

光照条件下 WO_3 非平衡载流子(电子和空穴)参与的反应过程构成光电化学池的作用基础。该过程包括：光致电荷产生和分离，以及电荷从半导体通过相界面的传递。

WO_3 光电极受到光激发后将产生电子 - 空穴对。由于半导体纳米材料的能带弯曲很小，基本可以忽略，光生电荷主要靠扩散分离。因此，电子 - 空穴对或

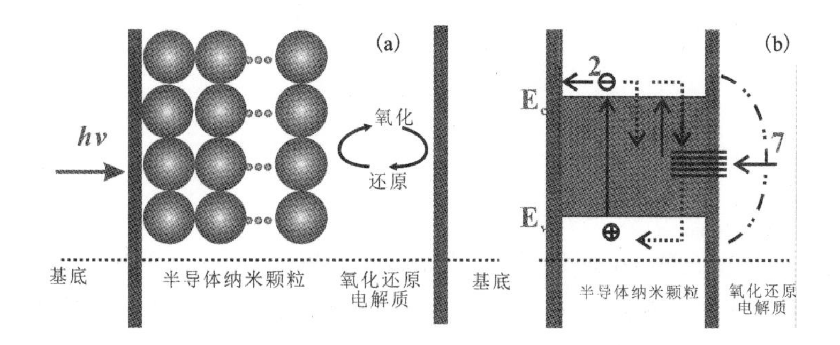

图1-3 WO_3 半导体电极示意图(a)与电子传输过程(b)

Fig. 1-3 Sketch of the nanocrystalline particulate electrode (a) and the electron transfer processes (b)

者被复合掉，或者扩散到纳米 WO_3 表面进行光电化学反应。图 1-3 描述了光生电荷在 WO_3 光电极的传输过程：①电子-空穴对的产生；②电子传输到基底被收集，并通过外回路到达金属阳极；③电子被陷阱俘获；④电子热激发脱离俘获至导带；⑤电子被表面态俘获后被复合；⑥空穴被表面态俘获；⑦俘获的空穴通过表面态复合。

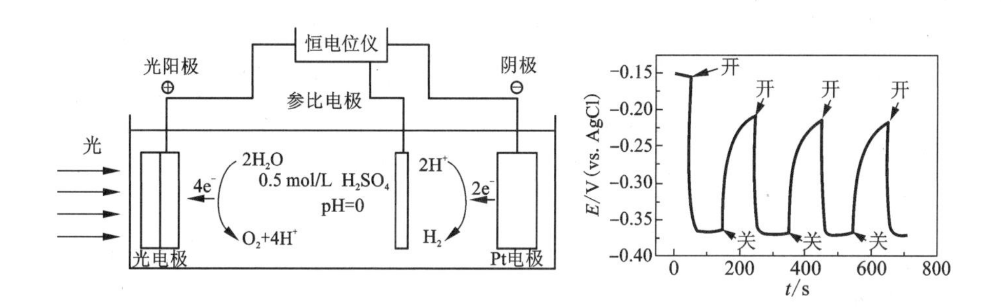

图1-4 三电极体系 WO_3 电极在暗态和光照条件下的开路电位-时间曲线

Fig. 1-4 Photovoltage-time curve of WO_3 electrode under dark and illumination in three-electrode electrochemical cell

如图 1-4 所示，经外电路到达金属阴极(Pt 电极)的光生电子和迁移到 WO_3 光电极表面上光生空穴可加快光电化学反应的速率。在反应的过程中必须要考虑电子与空穴的复合反应。因此，在反应体系中选择合适的俘获剂或表面空位来俘获电子和空穴，可大大降低二者间的复合。此外，光生电子在 WO_3 材料内部的传输过程与其结构也有很大的关系。特别是对于一维纳米材料，如 WO_3 纳米线[92-94]，纳米棒[19, 95, 102]及纳米多孔材料[49, 86, 87, 103, 104]，由于具有优异的定向传输光生电子的能力，光生电子被迅速地传输到电极导电基底上，有效地分离了电子－空穴对，减小了其复合几率。

受光激发跃迁到 WO_3 导带上的光生电子具有强还原性，而光致空穴具有很强的得电子能力，可夺取 WO_3 光阳极表面体系中的电子，使原本对光不响应的物质被氧化。因此，WO_3 的光催化反应能力主要由其能带位置和被吸附物质的氧化还原电势所决定。从热力学的观点看，光催化氧化还原反应要求给体电势比半导体价带电势高，受体电势比半导体导带电势低，才能供电子给空穴。

平带电位是光电化学池半导体/电解液界面的基本性质。对于采用 n 型半导体材料的光解水光电化学池，当平带电位低于氢析电位时，在没有施加偏压的条件下，氢质子将获得到达金属对电极的光生电子而还原为氢气。而当平带电位高于氢析出电位，则必须外加电压。由此可见，对于光解水体系，平带电位关系到能够节约多少电能。对于采用 H_2SO_4 为电解质体系，WO_3 的平带电位一般在 0.3 V(vs. NHE)，理论上必须施加高于 0.3 V 的偏压才能产生氢气[105]。

1.4.3 WO_3 光电化学池体系的研究方法

WO_3 光电化学池与染料敏化太阳能电池的原理相同，但由于体系结构及电解质等不同，因此研究方法也有所区别。对于光电化学太阳能电池，主要的性能评价参数包括：开路光电位(V_{oc})、短路光电流(I_{sc})、填充因子(FF)、入射光子到电子的转化效率(η_{IPCE})和能量转化效率(η)。而对于光电化学池，主要的评价参数为：光照开路电路(V_{oc})、偏压光电流(I_{sc})、偏压单色光光子到电子的转化效率(IPCE)和光转化效率(ABPE)。

(1)光照开路电位(V_{oc})：光照时，半导体电极受激发产生的光生电子和光生空穴迅速分离，扩散至电极/溶液的界面形成双电层，从而产生开路电位，它反映了光生载流子迁移到薄膜表面的电荷的多少。图 1－4 为典型的三电极体系 WO_3 电极在暗态和光照条件下的开路电位－时间曲线。

(2)偏压光电流(I_{sc})：当半导体电极受到光照射时，价带中的部分电子被激发并跃迁到导带，产生光生电子－空穴对。对电极施加一定的正向偏置电压，光生电子－空穴对在偏置电压作用下有效分离，分别向导电基底和电解质传输。光生电子通过电极导电层传至外电路，光生空穴则在电极/电解液界面被电解质捕获，并进一步传输至对电极，从而实现整个电路中的电子迁移，并产生了光电流。偏压光电流反映了光生电荷在半导体电极整个电路的传输性能。

(3)偏压单色光光子到电子的转化效率(η_{IPCE})：η_{IPCE} 测量用于研究不同波长光照下的光电转换效率，定义为对半导体光阳极施加一定的偏压，单位时间内外电路中产生的电子数与单位时间内入射单色光之比，其数学表达式如下：

$$\eta_{\mathrm{IPCE}} = \frac{I_{\mathrm{sc}}}{P}\frac{1240}{\lambda}$$

式中：I_{sc}为光电流，A；P为照射在电极上的单色光功率，W；λ为单色光波长，nm。η_{IPCE}反映了半导体光阳极对太阳光的利用程度。

（4）光转化效率（ABPE）：为一定偏压下半导体电极将光能转化为化学能的效率，是衡量光电极性能的重要参数，定义为：

$$\varepsilon(\%) = j_p\{(E_{\mathrm{rev}}^0 - |E_{\mathrm{app}}|)\}/I_0 \times 100$$

其中：j_{p}为测得的光电流密度；E_{rev}^0为反应的标准可逆电极电势；E_{app}为实际施加的偏压；可以定义为$E_{\mathrm{app}} = E_{\mathrm{meas}} - E_{\mathrm{ocp}}$，其中$E_{\mathrm{meas}}$为在$j_{\mathrm{p}}$的光照条件下工作电极的电极电位，$E_{\mathrm{ocp}}$为工作电极在同样电解质和光照条件下的开路电位。

1.5　提高WO_3光电化学性能的途径

光照条件下，WO_3受激发将产生具有强氧化还原能力的光生电子对，但在实际应用中还存在诸多需要改进的地方，如：仅对于460 nm以下波长的太阳光有响应，无法充分利用太阳光的能量；光生电子－空穴对易于复合导致光电转换效率较低。因此，如何拓宽光谱响应范围和提高其光电转化效率是当前WO_3半导体材料研究的主要焦点。为提高其光电化学性能，常用的途径主要包括：改善材料结构、贵金属沉积、半导体耦合、金属离子掺杂和非金属元素掺杂改性等。

1.5.1　改善材料结构

半导体材料的微结构对其光电化学性能具有显著的影响。研究表明[105]，纳米结构材料因具有较大的比表面积，不仅能够显著提高材料的光吸收效率，还可增大电极与电解质的接触反应面积，提高传质速率和反应速率。早期的工作都致力于制备小粒径的纳米晶结构半导体光电极。关于WO_3纳米晶薄膜制备技术，研究最多的是溶胶－凝胶法。通过在前驱体溶胶中加入表面活性剂，如聚乙二醇（PEG）[42-44]，十六烷基三甲基溴化铵（CTAB）[20, 101]等，可获得颗粒尺寸更小的WO_3。如Hong等[20]以偏钨酸铵为前驱体，CTAB为表面活性剂，通过水热法制得了颗粒尺寸为20 nm左右的WO_3颗粒。然而，随着研究的进一步深入，许多科研工作者发现虽然粒径减小可以在一定程度上增大材料的比表面积，增强光吸收能力，但同时过小的颗粒将在材料表面产生更多的晶界，导致光生电子－空穴对在材料表面上的复合几率增大，反而不利于载流子的传输。

近年来随着半导体纳米材料制备技术的发展，认为众多的一维纳米材料除了具有一般纳米材料的特性外，还具有优异的定向传输光生电子的能力。一维纳米半导体材料受到光激发后，光生电子将被迅速地传输到电极上，有效分离电子-空穴对，减小了其复合几率。目前 WO_3 的一维纳米结构材料主要包括纳米线、纳米孔及纳米片等。Chakrapani 等[94]采用化学气相沉积法在 FTO 导电玻璃上制备了 WO_3 线阵列，光电化学检测发现在 370 nm 波长光的照射下 η_{IPCE} 为 85%，经过 8 h的产氢反应后其纳米线阵列仍保持完好。Su 等[24]以钨酸和聚乙烯醇为原料，利用水热法同样获得了 WO_3 纳米线垂直阵列，400 nm 波长光处的光电转化效率达到60%以上，在 AM 1.5G 的光强照射下，光电流密度达到 1.43 mA/cm^2。Berger 等[106]则在 NaF 电解质中采用阳极氧化法制备纳米孔 WO_3 光阳极，与致密结构的相比，纳米孔 WO_3 的光电性能明显改善，其原因是电极与电解质的大面积接触。此外，Zheng 等人[107]改进了采用金属钨片进行阳极氧化的方法，他们首先利用磁控溅射法在 FTO 导电玻璃基底镀一层厚度约为 2 μm 的致密金属钨，而后在 NH_4F/乙二醇电解质中进行阳极氧化，制备了透明基底的纳米孔状 WO_3 薄膜，不仅提高了其光电化学性能，还大大提高了实用性。

1.5.2 贵金属沉积

表面沉积贵金属是提高 WO_3 光谱响应和光电化学反应效率的有效手段。光生电子和空穴在半导体表面易于复合，因而如何降低其复合率，延长光生电子-空穴对的寿命是提高半导体光电化学性能的关键。研究表明，在半导体表面沉积如 Pt[103, 108]、Ag[109-112]和 Au[95]等可明显提高半导体的光电化学性能。如图 1-5 所示，适量的贵金属沉积在半导体表面可形成细小的金属聚集点，这些聚集点具有积累电子的作用，能够强有力地吸引半导体表面的自由电子，提高电子-空穴对的分离几率，从而提高半导体的光电化学性能。此外，金属的费米能级低于半导体的费米能级，即金属的功函数高于半导体的功函数。当金属与半导体接触时，为使两者的费米能级相匹配，电子将从费米能级高的 WO_3 转移到费米能级低的金属。电子的转移将在金属和半导体之间形成空间电荷层，过量的正电荷出现在半导体表面，而过量的负电荷出现在金属表面，促使半导体能带发生弯曲形成肖特基能垒，从而有效地抑制电子与空穴的重新复合。

从已有的文献报道来看[95, 103, 108-112]，贵金属 Pt、Ag 及 Au 等表面沉积显著提高了 WO_3 材料的光电化学性能。需要注意的是，沉积量是影响 WO_3 的光催化性能的重要因素，颗粒表面沉积过量的贵金属反而加速电子和空穴复合，导致其性能下降。

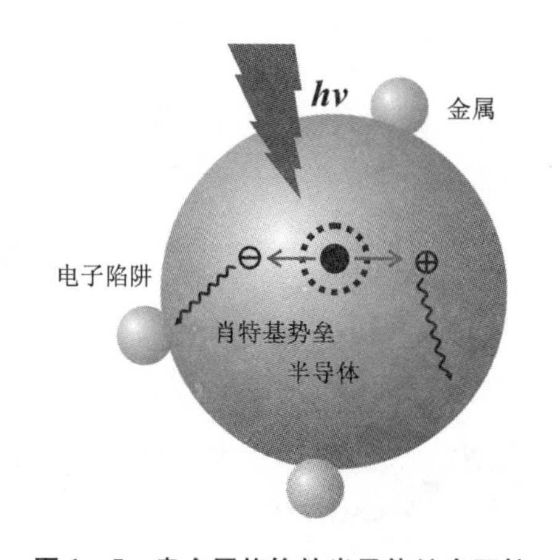

图 1-5 贵金属修饰的半导体纳米颗粒

Fig. 1-5 The semiconductor nanoparticles modified by noble metals

1.5.3 半导体耦合

半导体耦合是指将两种或多种具有不同能带结构的半导体以某种形式结合在一起形成复合物。由于不同半导体的能带性质不一致，进行复合后价带及导带将发生交叠，不仅光生电子和空穴的分离效率明显提高，还可以扩展半导体材料的光谱响应范围。以 TiO_2 材料为例，将其与 WO_3 进行耦合后，形成的 TiO_2-WO_3 复合物的光响应性能明显强于纯的 TiO_2 或 WO_3。Pan 等[113]研究发现，当 TiO_2 耦合5%的 WO_3 形成复合物，其对甲基橙的光催化降解能力较纯 TiO_2 提高了96.7%。这主要归结于不同半导体能级位置之间光生电子空穴的输送分离能力显著提高。

近年来，利用窄禁带半导体敏化耦合宽禁带半导体是提高半导体光电化学性能研究的热点。窄禁带与宽禁带半导体的导带及价带位置必须满足如下条件：①窄禁带的价带高于宽禁带半导体；②宽禁带半导体的导带低于窄禁带半导体。如图1-6所示，以 TiO_2-CdS 为例，CdS 的禁带仅为1.7 eV，在与其能带相匹配的光激发下将产生电子-空穴对。由于其价带相对 TiO_2 处于较高位置，空穴将留在其价带；而 TiO_2 的导带低于 CdS，光生电子将从 CdS 流向 TiO_2，这就大大降低了光生电子和空穴的复合，从而提高了体系中电子-空穴对的分离效率。另外，由于不同金属离子的配位数及电负性不同导致过剩电荷产生，也会提高半导体俘获质子或电子的能力，从而提高半导体光电化学性能。

对于 WO_3 体系，目前关于其与低禁带半导体复合的相关文献比较少，因此这

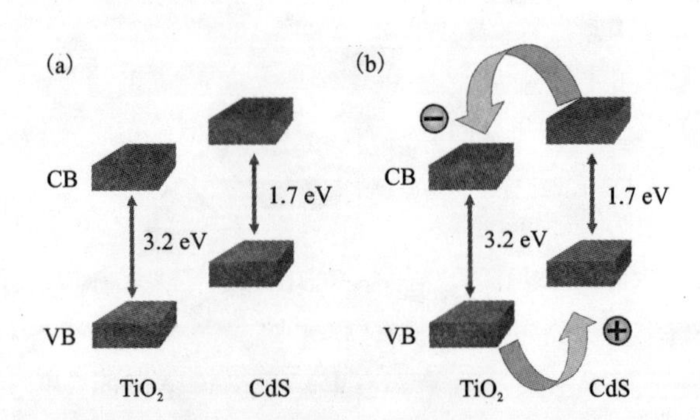

图 1-6 (a) TiO_2 与 Cds 能带位置示意图；(b) 光生电子在 TiO_2 - CdS 体系传输过程示意图

Fig. 1-5 (a) Relatvie energy levels of TiO_2 and CdS and (b) ideal stepwise band edge structure for efficient transport of the excited electrons and holes in a CdS sensitized electrode

是今后提升 WO_3 性能研究的一个重要方向。此外，WO_3 A 位缺位 ABO_3 型钙钛矿的结构可形成类似于半导体耦合的 M_nWO_m 型复合氧化物，如 Bi_2WO_6[114, 115]、$AgInW_2O_8$[116]和 $ZnWO_4$[117]。这些复合型的氧化物与纯 WO_3 具有明显不同的能带结构，如 Bi_2WO_6 在价带上方形成新的能级，从而降低禁带宽度，进一步提升了光响应性能。

1.5.4 离子掺杂

离子掺杂是将阳离子或阴离子转入半导体晶格内部，使材料产生缺陷或结晶度发生改变，从而影响光生电子-空穴的动力学行为。目前金属元素掺杂的主要为过渡金属元素和稀土元素。在半导体材料中掺杂少量金属离子，将争夺光生电子，从而有效地减少了电子空穴的复合，提高了其光电化学性能。此外，过渡金属掺杂通过引入杂质能级或降低其禁带宽度等方式在长波区域形成新的吸收峰，扩展了材料的光吸收范围。需要指出的是，并非所有的金属离子掺杂都能够提高半导体材料的光电化学性能，需根据金属元素的特点或被掺杂材料自身的特性进行选择，否则金属离子的掺杂反而降低了性能。

众多的研究工作者发现虽然过渡金属掺杂提高了氧化物半导体纳米材料的可见光响应，但同时也降低了催化剂的稳定性，因此关于离子掺杂的重点转向了非金属离子，如 C、N、S、F 和 B 等。2001 年，Asahi 等[118]首次制备了 N 掺杂 TiO_2，他们发现 N 取代了 TiO_2 中少量晶格氧，从而导致了 TiO_2 的禁带宽度变窄，在不降低紫外光下活性的同时，使 TiO_2 具有可见光活性。Asahi 认为通过非金属掺杂可改变催化剂能带结构，从而提升了光电化学性能，根据实验结果并结合理论提出了非金属掺杂的三条基本原则：①掺杂元素能够在半导体的带隙中产生有利于吸收可见光的能级；②掺杂元素的最小导带能量与半导体材料相匹配；③掺杂元素的带隙应与材料的带隙相互交叠[118]。

大量实验研究表明 N 掺杂能够有效改善 WO_3 的光吸收性能，提高其对可见光的响应。Marsen 等[31]的研究认为，N 掺杂后可取代 O 的位置，N 2p 轨道与 O 2p 轨道杂化后将进一步降低 WO_3 禁带宽度，研究发现 N 掺杂可使 WO_3 的禁带宽度降低到 2.0 eV 以下，理论上吸收光谱范围可拓宽至 620 nm。德国的 Schmuki 小组[87]将阳极氧化法获得的 WO_3 薄膜在氨气气氛中进行热处理，制备了 N 掺杂纳米孔状 WO_3，研究发现掺杂后形成了 1.9 eV 的子带隙，光响应范围拓展到 600 nm以上。

目前除了对半导体材料进行 N 掺杂的相关研究外，C 掺杂也是一种提高其光响应性能的手段。Sun 等[119]利用超声喷雾热解法以葡萄糖为碳源制备了 C 掺杂 WO_3 薄膜，研究发现 C 掺杂在一定程度上降低了 WO_3 的禁带宽度，光电流明显增大。Khan 等[120]通过 CO_2、H_2O 和 O_2 的高温气氛合成的 C 掺杂 TiO_2，在波长小于 535 nm 范围内有吸收，且出现了宽范围的可见光吸收平台，说明 C 掺杂不仅是两种晶格的电子密度的重叠，还包含电子云杂化的 Ti－O 及 Ti－C 的混合状态的产生。Iire 等[121]通过氧化 TiC 得到锐钛矿型的 C 掺杂 TiO_2，通过分析他们认为 C 取代了晶格氧，并且 C 的 2p 轨道与 O 的 2p 轨道进行杂化后，价带宽化上移，禁带宽度减小，光响应范围扩展到可见光区。另外，Nagaveni 等[122]认为 C^{4-} 2p的结合能小于 O^{2-} 2p，光学激发可从 C^{4-} 2p 到导带，从而降低其禁带宽度，增强其光催化性能。

关于非金属掺杂半导体材料的研究目前主要集中于 TiO_2，涉及的非金属元素除了前面所述的 N、C 元素外，还包括 S[123－128]、F[104, 129－133]及 B[134－137]等元素，其掺杂工艺及原理基本相通。由于 WO_3 与 TiO_2 的价带均主要由 O 2p 轨道构成，外层 p 轨道与价带杂化形成价带顶部的新能级为有效的非金属掺杂，从而降低半导体材料的禁带宽度，因此关于非金属掺杂 TiO_2 的研究方法和结论对于 WO_3 体系同样有借鉴意义。

1.6 当前需要研究的内容

能源短缺与环境污染是目前人类亟待解决的问题。随着石油、煤及天然气等的消耗，人们逐渐地意识到清洁无污染的氢能的重要性。在氢能利用体系中，由于太阳能取之不尽，用之不竭，是一种极为丰富的可再生资源，采用太阳能制氢将对未来的能源利用和生态环境的可持续发展带来巨大的影响。

传统的半导体纳米粉体作为催化剂用于光解水时，存在光生电子和空穴易复合、催化剂回收困难、需动力搅拌以维持悬浮、成本高、难以实现工业化的缺点。为解决上述粉体光催化剂存在的问题，人们首先想到的是对半导体光催化系统器件化，而采用光电化学池(PEC)制氢技术是直接利用太阳能制氢最具有吸引力的制氢方法。但是，目前仍然面临着巨大的技术挑战，存在的问题主要包括：PEC光阳极的催化材料主要包括 TiO_2、ZnO 等宽禁带半导体氧化物，仍需要通过紫外光激发，无法充分利用太阳能；高性能光阳极材料制备工艺复杂、条件苛刻，难以实现工业化，且有的材料形貌的有序性有待于进一步提高；此外，光生电子在半导体光电极的传输过程和机理还有待进一步研究。

本书针对目前光电化学池(PEC)制氢技术存在的上述问题，选取具有良好的可见光响应和电子传输性能的 WO_3 作为光阳极材料，通过采用纳米结构光电极有序构建、光电化学特性研究、光生电子－空穴传输模型建立、电极掺杂改性等途径对纳米结构 WO_3 光电化学体系进行建立和优化，着重研究了纳米结构 WO_3 薄膜电极的制备工艺和相应的光电化学性能，并对其光电化学反应的机理进行了一定程度的探索；此外，对有序纳米结构的 WO_3 材料进行掺杂改性，进一步提高有序 WO_3 纳米材料的光电性能，拓展其太阳能应用的潜能，为实现构建稳定高效的 WO_3 半导体电极光电化学体系提供理论依据和实际参考价值。本书主要开展了如下几个方面的研究工作：

(1)首次利用聚合物前驱体法制备纳米晶 WO_3 半导体光电极，利用多种物相分析手段探索纳米晶 WO_3 薄膜电极的物相结构与聚乙二醇含量、热处理温度、前驱体 pH 及镀膜基底的变化关系，并通过量子转化效率测试、稳态光电流谱及 Mott-Schottky 测试等技术对 WO_3 薄膜电极的光电化学特性进行了深入研究。

(2)在前面研究的工艺基础上，采用柠檬酸等添加剂对聚合物前驱体法制备 WO_3 半导体光电极工艺进行改良，重点研究了柠檬酸对前驱体溶胶性质、WO_3 薄膜电极形貌结构及其光电性质的影响。

(3)采用阳极氧化法在不同类型钨片上制备自组装纳米孔状 WO_3 材料。重点考察了 NH_4F 电解液浓度、氧化电压及反应时间等工艺条件，详细研究了自组装纳米孔状 WO_3 材料的形貌、结构、晶型、光学性质以及光电特性，并结合阳极氧化过程的电流－时间曲线，对自组装纳米孔状 WO_3 的形成机制进行了讨论。

(4)采用氨气/氮气混合气氛中煅烧自组装纳米孔状 WO_3 的方法对其进行了氮元素掺杂改性。通过 XRD 测试、XPS 分析、光电化学测量及能带结构的研究，探讨了氮掺杂对纳米孔状 WO_3 电极光电性能的影响，同时也揭示了氮掺杂 WO_3 可见光响应的原因。

（5）比较研究了纳米晶及纳米孔状 WO_3 光电极的形貌及光电化学性能，并利用阶跃光诱导瞬态光电流法及调制光电流谱等方法研究了两种不同结构 WO_3 光电极光电动力学过程，初步建立了光生电子－空穴传输的动力学模型，并确定了其传输过程反应的一级动力学常数。

第2章　实验及测试方法

2.1　实验仪器和设备

实验中所用的主要仪器设备及其生产厂家、型号及规格见表2－1。

表2－1　主要实验和检测仪器一览表

Table 2－1　The experiment equipments in this work

名称	生产厂家	型号或规格
电子天平	瑞士 Mettle-Toledo 公司	PB－230N
箱式电阻炉	长沙实验电炉厂	SX2－2.5－12
电热恒温鼓风干燥箱	上海精宏实验设备公司	DHG－9076A
磁力搅拌器	江苏金坛恒丰仪器厂	79－1
超声波清洗器	昆山超声仪器公司	KQ2200DE
稳压直流电源	北京大华无线电仪器厂	DH1719A－5
恒温水浴槽	上海舜宇恒平仪器公司	DC－0506
万用电表	美国 Agilent 公司	34401A
智能程序控温电阻炉	长沙长城电炉厂	SG－3－10
500 W 氙灯平行光源	北京畅拓科技有限公司	CHF－XM35
辐照计	北京师范大学光电仪器厂	FZ－A

续上表

名称	生产厂家	型号或规格
电化学工作站	德国 Zahner 公司	Zennium
X-射线衍射仪	日本 Rigaku 公司	D/max2250
热重差热同步分析仪	美国 TA 仪器公司	SDTQ600
EDS 能谱仪	美国 EDAX 公司	GENESIS 60S
太阳能量子效率测试系统	北京卓立汉光仪器有限公司	SCS10-X150-PEC
扫描电子显微镜	日本 JEOL 公司	JSM-5600LV
场发射扫描电镜	荷兰 FEI 公司	Sirion 200
X-射线光电子能谱仪	英国 Kratos 公司	XSAM800
紫外可见分光光度计	岛津仪器有限公司	UV-2450

2.2　实验试剂

2.2.1　实验试剂

实验中所用的主要试剂及其纯度规格等信息见表 2-2。

表 2-2　主要实验试剂一览表

Table 2-2　The reagents in this work

试剂名称	生产厂家	纯度	分子式
偏钨酸铵	国药集团化学试剂公司	AR	$(NH_4)_6W_7O_{24}\cdot 6H_2O$
氟化铵	广东汕头西陇化工厂	AR	NH_4F
聚乙二醇	国药集团化学试剂公司	AR	$HO(CH_2CH_2O)_nH$
无水乙醇	天津大茂化学试剂厂	AR	CH_3CH_2OH

续上表

试剂名称	生产厂家	纯度	分子式
硫酸铵	国药集团化学试剂公司	AR	$(NH_4)_2SO_4$
钨箔	阿法埃莎化学有限公司	99.95%	W
丙酮	国药集团化学试剂公司	AR	H_3CCOCH_3
异丙醇	国药集团化学试剂公司	AR	$H_3CCHOHCH_3$
甲醇	国药集团化学试剂公司	AR	H_3COH
硫酸	国药集团化学试剂公司	AR	H_2SO_4
导电玻璃	日本 NSG 有限公司	—	—

2.2.2 镀膜衬底处理

采用聚合物前驱体法制备的 WO_3 薄膜是以日本 NSG 有限公司生产的 FTO (F-doped tin oxide)导电玻璃为基片，由于基片表面的污染物会降低薄膜的附着力，导致成膜质量下降，因此薄膜制备前对基片必须进行严格清洗。基片的清洗步骤如下：

(1)蒸馏水超声清洗 15 min；

(2)丙酮超声清洗 15 min；

(3)无水乙醇超声清洗 15 min；

(4)含饱和 KOH 的异丙醇溶液浸泡 24 h；

(5)无水乙醇超声清洗 15 min；

(6)二次蒸馏水超声清洗 15 min，再冲洗 3 遍；

(7)氮气吹干备用。

对于采用阳极氧化法制备的 WO_3 薄膜，钨片的前处理方法为：分别用丙酮、异丙醇、甲醇和去离子水超声波清洗 15 min，氮气吹干以备用。

2.3 结构表征及性能测试

(1)热重－差示扫描量热

所用的 TG－DTA 的型号为美国 TA 仪器公司的 SDT Q600 热重－差示扫描量热仪。测试条件：30～550℃，加热速度为 1℃/min。

(2)晶体结构测试

采用日本 Rigaku 公司生产的 D/max2250 X－射线衍射仪检测 WO_3 纳米结构薄膜电极的晶体结构。测试条件为：工作电流 300 mA，工作电压 40 kV，Cu 靶 $K\alpha$ 辐射($\lambda=0.154056$ nm)，以石墨单色器滤波。

(3)扫描电子显微镜分析

采用日本 JEOL 公司生产的场发射扫描电子显微镜(FESEM，JSM6700F)对 WO_3 纳米结构薄膜电极进行表征，检测其表面形貌。

(4)高分辨透射电子显微镜分析

采用 FEI TECNAI G2 F20 高分辨透射电子显微镜观察薄膜电极样品表面的显微形貌及晶体结构。

(5)EDS 能谱测试

采用牛津仪器公司生产的 EDS 能谱仪分析 WO_3 纳米结构薄膜电极表面的元素组成。

(6)傅立叶变换红外光谱

采用的傅立叶变换红外光谱是美国 Thermo Scientific 公司的 Nicolet 6700 Fourier Transform Infrared Spectroscopy，最高分辨率：0.09 cm^{-1}；信噪比：50000/1。测试条件：400～4000 cm^{-1}，采用 KBr 压片法。

(7)光电子能谱技术

采用 X－射线光电子能谱仪(XSAM800，英国 Kratos 公司)检测 WO_3 纳米结构薄膜电极的表面化学组成及元素存在形态。以 Mg $K\alpha$(1253.6 eV)为激发源，工作电流 16 mA，工作电压 12 kV，分析器模式为 FRR 中分辨，测量时分析室压力优于 5×10^{-7} Pa，结合能以 $C_{1s}=284.8$ eV 为基准进行结合能的校正，采用 Xps-speak 软件对谱图进行拟合。

(8)拉曼光谱测试

采用英国 Renishow 公司生产的 UV－1000 型紫外－可见共焦显微拉曼光谱仪，Ar^+ 激光光源，激发波长为 514.5 nm，输出功率为 5 mW，采用 CCD 检测器。

(9)紫外－可见吸收光谱

在导电玻璃上制备 WO_3 纳米结构薄膜，其吸收光谱是采用岛津 UV－2450 型紫外－可见分光光度计测试的，测试其光吸收性能。测试范围为 300 ~ 700 nm，以干净导电玻璃作为参比。

(10)光电化学性质测试

光电化学性质测试采用三电极电化学体系，实验装置如图 2－1 所示，WO_3 纳米薄膜电极为工作电极，Pt 电极为对电极，Ag/AgCl 电极为参比电极，500 W 氙灯平行光光源透过石英玻璃从背面照射到薄膜电极表面，光源采用 400 nm 紫外滤光片滤掉紫外光。

测试中所用电解质为 0.5 mol/L 的 H_2SO_4 溶液(pH = 0)；氙灯平行光源照射到 WO_3 薄膜电极表面的光照强度采用辐照计测量，其值约为 100 mW/cm^2。

稳态光电流测试条件为：电位范围为 0 ~ 1.8 V(vs. Ag/AgCl)，扫描速率 10 mV/s；

瞬态光电流测试条件为：电位范围为 0.4 ~ 1.5 V(vs. Ag/AgCl)，30 s 间隔，数据点采集间隔时间 0.2 s；

Mott-Schottky 测试条件为：电位范围为 0 ~ 1 V(vs. Ag/AgCl)，10 mV 振幅，频率 1 kHz。

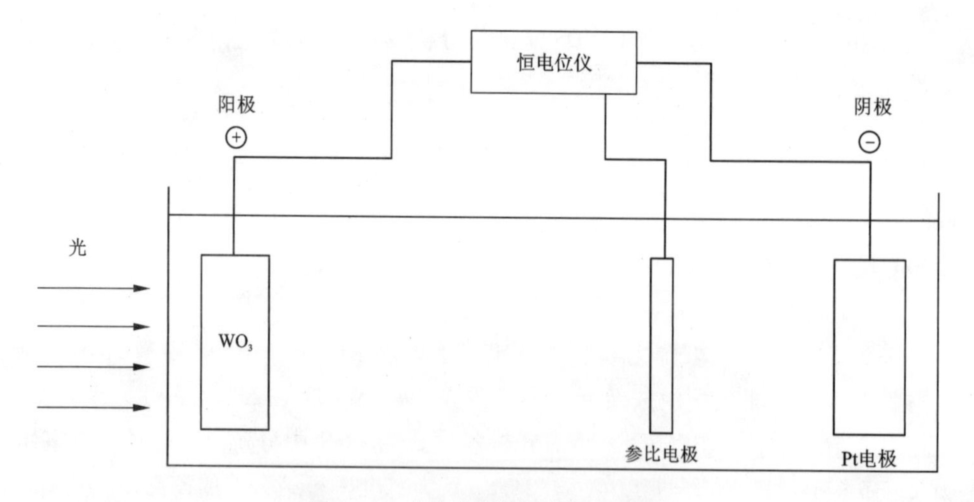

图 2－1 光电化学测试装置示意图

Fig. 2－1 Schematic set-up for photoelectrochemical measurements

采用北京卓立汉光仪器公司的 LPX150 氙灯为光源和 SBP300 光栅光谱仪，

美国 AMETEK 公司的 Model 263A 恒电位仪、Model 194 斩波器和 Model 5210 锁相放大器组成光电联用测试系统，在带石英窗口的三电极电解池中，以 0.5 mol/L 的 H_2SO_4 溶液为支持电解液，测量 WO_3 薄膜电极的量子转化效率。

使用德国 ZAHNER 公司的 CIMPS 系统进行调制光电流谱测试，光源由 PP210 驱动的波长为 470 nm 的蓝色发光二极管提供，正弦扰动光强为直流光强的 10%，频率范围为 3 kHz～0.1 Hz。

第3章 聚合物前驱体法制备 WO_3 纳米薄膜及其光电化学性质

3.1 引言

由于具有无毒、催化活性高、抗氧化能力强及稳定性好等优点，WO_3 催化剂广泛应用于光催化反应、光降解空气和水中有机污染物等领域，而 WO_3 纳米薄膜具有较高的光电转换效率、较大的工作电流密度和良好的稳定性，因而在光催化、电化学、光电转换等领域受到人们广泛的关注[20,21,23,37,42-44,77,94,99,100,105,138,139]。

目前有关 WO_3 薄膜的制备方法很多，包括蒸发法[55]、溶胶-凝胶法[25,42-44,140]、磁控溅射法[37,38]、阳极氧化法[47-54]、化学气相沉积法[62,63,65]及电沉积法[59,60]等。不同工艺制备的薄膜组成和微结构不同，薄膜的性能也存在显著的差异。其中，由于溶胶-凝胶法具有成本低、操作简单、可大规模生产等优点，已被广泛应用。目前溶胶-凝胶法制备 WO_3 薄膜主要分为以下几种：钨酸盐的离子交换法、钨粉过氧化聚钨酸法、钨的醇盐水解法及氯化钨的醇化法等。上述几种工艺均存在前驱体溶胶反应过程复杂，不易控制，溶胶稳定时间短等缺点。

基于以上事实，本书首次采用聚合物前驱体法，以偏钨酸铵为钨源，聚乙二醇(PEG)为配位聚合物制备了前驱体溶胶，利用浸渍提拉工艺将溶胶镀在FTO导电玻璃等基底，然后在不同温度下进行热处理，使前驱体分解生成 WO_3 薄膜。重点考察了溶胶pH、聚乙二醇含量、柠檬酸添加剂、热处理温度及镀膜基底对 WO_3 薄膜晶体结构和显微形貌的影响，并采用紫外-可见吸收光谱、循环伏安法、Mott-Schottky 测试、瞬态光和稳态光电流谱及量子转化效率 η_{IPCE} 等方法技术对 WO_3 薄膜的光电化学特性进行了研究。

3.2 实验部分

3.2.1 前驱体溶胶的制备

室温下，称取9.44 g偏钨酸铵溶解于二次去离子水中，加入4.72 g聚乙二醇

(PEG)1000，继续磁力搅拌2 h后，分别用氨水和硝酸溶液调节pH，60℃水浴静置24 h，用去离子水调节前驱液体积，控制W含量为1 mol/L。

3.2.2　WO_3 薄膜的制备

镀膜衬底分别选择FTO导电玻璃、石英玻璃及石墨衬底，依次用去离子水、丙酮、异丙醇、去离子水超声清洗后，再用 N_2 吹干。采用浸渍提拉法镀膜，以4 cm/min的速度将FTO导电玻璃从预制的前驱液中提拉出来，室温静置10 min，放入70℃的烘箱干燥1 h，然后置于程序控温的马弗炉中以2℃/min的升温速率升至一定温度，热处理气氛为空气，保温3 h后，打开炉门自然冷却至室温得到 WO_3 薄膜。

3.2.3　WO_3 薄膜的表征

通过对前驱体溶胶的TG - DTA分析，初步确定 WO_3 薄膜的热处理温度；采用XRD测试可获得各个温度下制备的 WO_3 薄膜的成分组成与晶体结构；通过场发射扫描电镜(FESEM)、高分辨透射电镜(HRTEM)及拉曼光谱测试进一步研究所制备的 WO_3 薄膜的显微形貌、颗粒大小及材料结构等信息。采用HITACH - 850型荧光光谱仪检测薄膜的光致发光特性，氙光源激发波长为275 nm。

3.2.4　光电化学性质测试

测试过程详见第2章2.3节。

3.3　结果与讨论

3.3.1　WO_3 纳米薄膜的结构与形貌表征

聚乙二醇是一种良好的水溶性聚合物，在含水的金属盐溶液加入PEG将改变前驱液的流变性能。溶液中的金属离子在此过程将充当聚合物之间的交联剂，聚合链中的随机交联把水围在生长的三维网络中，使系统转为溶胶。此外，PEG在薄膜的煅烧处理过程又可以起到造孔的作用，通过控制PEG的含量可以调控薄膜表面形貌和纳米颗粒尺寸。

图3 - 1为PEG及含有PEG的偏钨酸铵前驱体粉末TG/DTA图谱。从TG曲线可以看出，对于PEG而言，在200～350℃存在一个明显的失重过程，失重率达95%，说明其热分解温度为200℃左右。随着温度的升高，在450℃时PEG失重率接近100%，表明已基本完全热分解。

对于含有 PEG 的偏钨酸铵前驱体粉末，从室温升到 220℃左右时，材料有明显的持续失重现象，分析表明这是由于前驱体偏钨酸铵失去物理吸附水和结晶水所导致的。随着温度的升高，在 220～275℃，材料急剧失重。DTA 曲线在 250℃左右有一个显著的吸热峰，这正对应着材料中偏钨酸铵分解生成 WO_3 的过程：

$$(NH_4)_6W_7O_{24} \cdot 6H_2O \longrightarrow 7WO_3 + 6NH_3 + 9H_2O$$

在偏钨酸铵分解的过程中，伴随着大量的 PEG 燃烧。此后，随着温度的升高，材料重量没有发生明显的变化。直到 400℃左右时，图谱出现一个显著的吸热峰，初步推测这是由于 WO_3 由非晶态向晶体转化所导致的。综合考虑到材料中偏钨酸铵的分解、PEG 的去除和材料晶型转变等因素，本实验选择 450℃为煅烧温度。

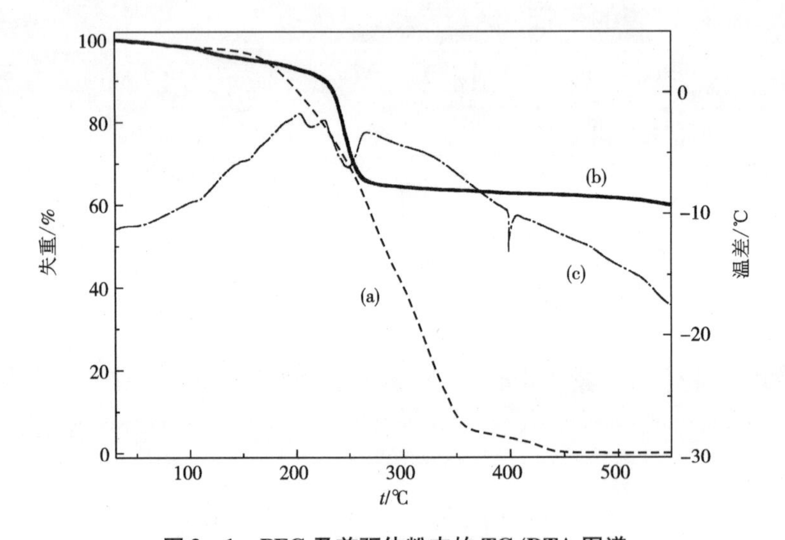

图 3－1 PEG 及前驱体粉末的 TG/DTA 图谱

Fig. 3－1 TG curve of (a) PEG and (b) TG/ (c) DTA curves of powder of the precursor solution

图 3－2 为以 pH＝2.8 的前驱体溶胶镀膜，450℃热处理 3 h 后得到的 WO_3 薄膜 XRD 图谱。可以看出，扣除衬底导电玻璃 FTO(SnO_2)后，在 2θ 为 23.4°，34.0°，42.1°，49.0°，55.3°处的衍射峰分别对应于 WO_3 的(100)，(110)，(111)，(200)和(210)晶面的衍射，这些衍射峰的峰位和相对衍射强度与立方晶相 WO_3 的标准图谱(JCPDS Card 41－0905)一致，表明所得样品为立方结构的 WO_3。根据 XRD 线性宽化法，利用立方相(100)面衍射峰，通过 Scherrer 公式：

$$D_{hkl} = k\lambda / \beta\cos\theta_{hkl}$$

其中：D_{hkl}是垂直于晶向(hkl)方向上晶粒的粒度；k 是常数；λ 为 X 射线波

长；β 是(hkl)晶面衍射峰的半高宽；θ_{hkl}是(hkl)晶面的 Bragg 衍射角。可以估算出样品的平均粒度为 38 nm。

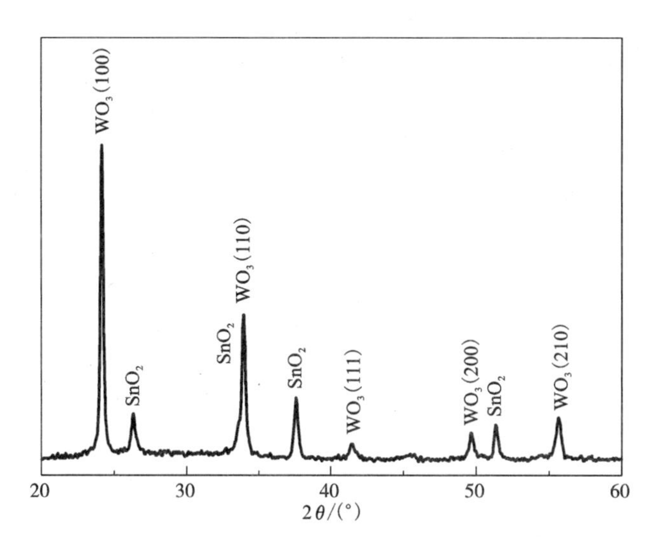

图 3－2　450℃热处理的 WO_3 薄膜 XRD 图谱

Fig. 3－2　X-ray diffraction patterns of WO_3 films coated on FTO substrate annealed at 450℃. The pH of the precursor solution is 2.8

图 3－3 为 450℃热处理 3 h 制得的 WO_3 薄膜拉曼光谱(LRS)。由图可知，样品在 740～980 cm^{-1}均出现振动峰，其中特征峰 795 cm^{-1}是晶态 WO_3 的主峰，表明所有样品 WO_3 均为扭曲的八面体结构[141]。主要峰值为 795 cm^{-1}、707 cm^{-1}、293 cm^{-1}和 255 cm^{-1}，与 WO_3 单斜相 $P2_1/n$ 的特征峰相比有一定的频移[44]，根据文献报道的扭曲立方结构 WO_3 的拉曼光谱特征峰，推测这是由于 WO_3 发生了由立方向单斜结构转变，这与前面 XRD 分析结果相一致。

图 3－4(a)为 450℃下保温 3 h 制备的 WO_3 薄膜表面 FESEM 图。可以看到，所得样品薄膜由 WO_3 纳米颗粒组成，呈不规则多孔状。颗粒大小分布均匀，尺寸大约为 60 nm。整个薄膜的表面光滑平整，均匀性良好。图 3－4(b)样品截面的 SEM 图显示制备的 WO_3 薄膜厚度约为 2.9 μm。图 3－4(c)为薄膜样品的高分辨透射电镜(HRTEM)图，可以看出样品生长有序度较高。通过傅里叶变换计算得到晶面间距为 3.7 Å，与 XRD 衍射峰 $2\theta=23.4°$的晶面间距 $d=3.7$ Å 相吻合。

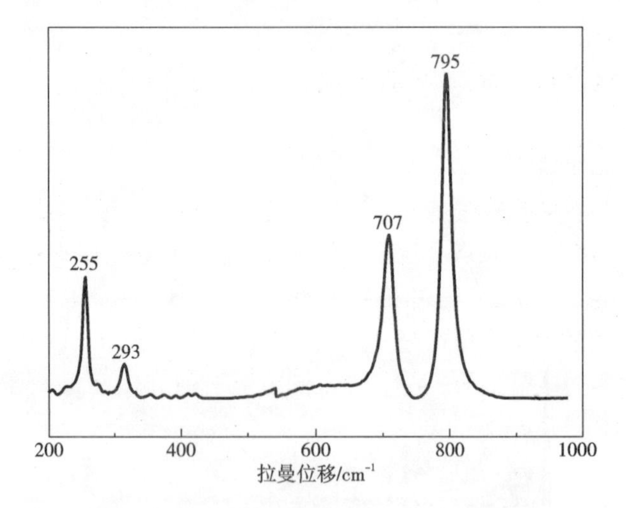

图 3-3 450℃热处理的 WO_3 薄膜拉曼光谱

Fig. 3-3 Raman spectra of WO_3 films coated on FTO substrate annealed at 450℃. The pH of the precursor solution is 2.8

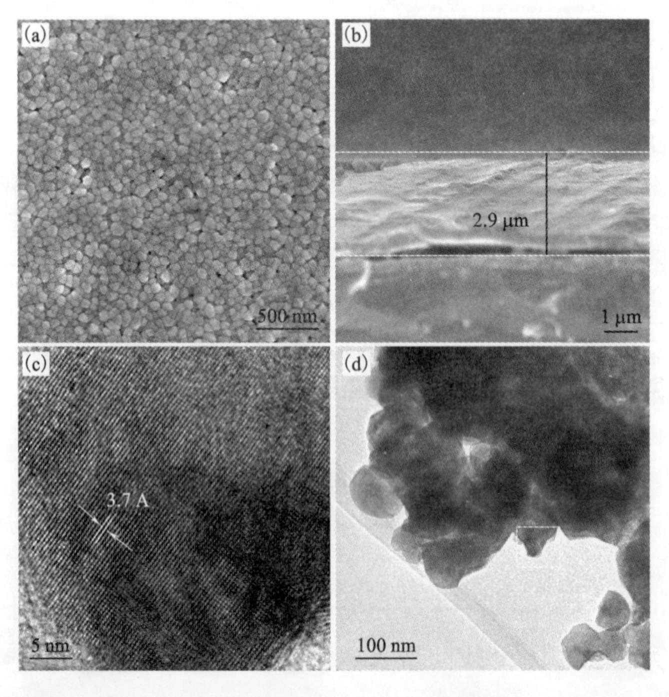

图 3-4 450℃热处理样品的(a)表面和(b)侧面电镜扫描图及(c、d)高分辨透射电镜图

Fig. 3-4 Surface and cross-sectional SEM images (a, b), TEM images (c, d) of WO_3 films annealed at 450℃. The pH of the precursor solution is 2.8

3.3.2　WO_3 聚合物前驱体溶胶合成的化学反应研究

3.3.2.1　pH 的影响

偏钨酸铵水溶液中钨酸根离子形态受溶液 pH 影响较大。根据文献报道[142]，当 pH 为 1 ~ 2，溶液中的离子以钨酸根 Y$(W_{10}O_{32})^{4-}$存在；pH 在 2 ~ 4，$(W_{10}O_{32})^{4-}$转变为 Keggin 结构的偏钨酸根；pH 为 5 ~ 9，再转变为由八面体(WO_6)构成的仲钨酸根团簇；随着 pH 的进一步提高，当 pH > 9 时，由仲钨酸根团簇结构转变为四面体结构的$(WO_4)^{2-}$。调节溶液的 pH，不同离子之间可以互相转化，过程如图 3 – 5 所示。

钨酸Y $(W_{10}O_{32})^{4-}$ ⟷ 偏钨酸盐 ⟷ 仲钨酸盐 ⟷ $(WO_4)^{2-}$

pH 1~2　　pH 2~4　　pH 5~9　　pH>9

图 3 – 5　不同 pH 条件下钨酸盐离子转化示意图

Fig. 3 – 5　Reaction scheme for the condensation of tungstate ions in aqueous solutions

表 3 – 1 显示的为不同 pH 条件下前驱液的稳定性。从实验中得知，当 pH = 1 和 2.8 时，聚合物前驱体透明清亮，且能够持续稳定；pH = 6.9 时，前驱液开始出现少许白色絮状物质；当 pH = 9 时，开始出现白色沉淀，所得的前驱液无法镀膜。可见不同 pH 条件下的钨酸根离子结构会影响前驱液的性质。Hong 等[20]以偏钨酸铵和十六烷基三甲基溴化铵为原料制备了 WO_3 纳米粉体，前驱体溶液的 pH 调节到 8 ~ 9，此时钨酸根为四面体结构的$(WO_4)^{2-}$且前驱液稳定，这可能是由于不同有机物添加剂所引起的。

表 3 – 1　pH 对前驱体溶胶性质的影响

Table 3 – 1　Influence of the pH on the properties of precursor sols

pH	溶液中形态
1	Homogeneous
2.8	Homogeneous
6.9	Slightly flocculent
9	White precipitate

图 3 – 6 为以不同 pH 前驱液镀膜，450℃条件下煅烧制备的 WO_3 薄膜的表面 FESEM 图。从图可以看出，pH = 1 时，薄膜表面是一些大块颗粒，最大为 250

nm，在这些大颗粒之间分布着一些小的颗粒，当pH升高到2.8和6.9，获得的样品粒径分布十分均匀。其中pH=6.9时的样品颗粒平均尺寸为45 nm。这主要是由于较低的pH时，钨酸根团簇较大，从而导致WO_3热处理结晶过程晶粒尺寸变大，而当pH较高时，钨酸根团簇变小，更有利于得到尺寸较小的WO_3纳米颗粒。

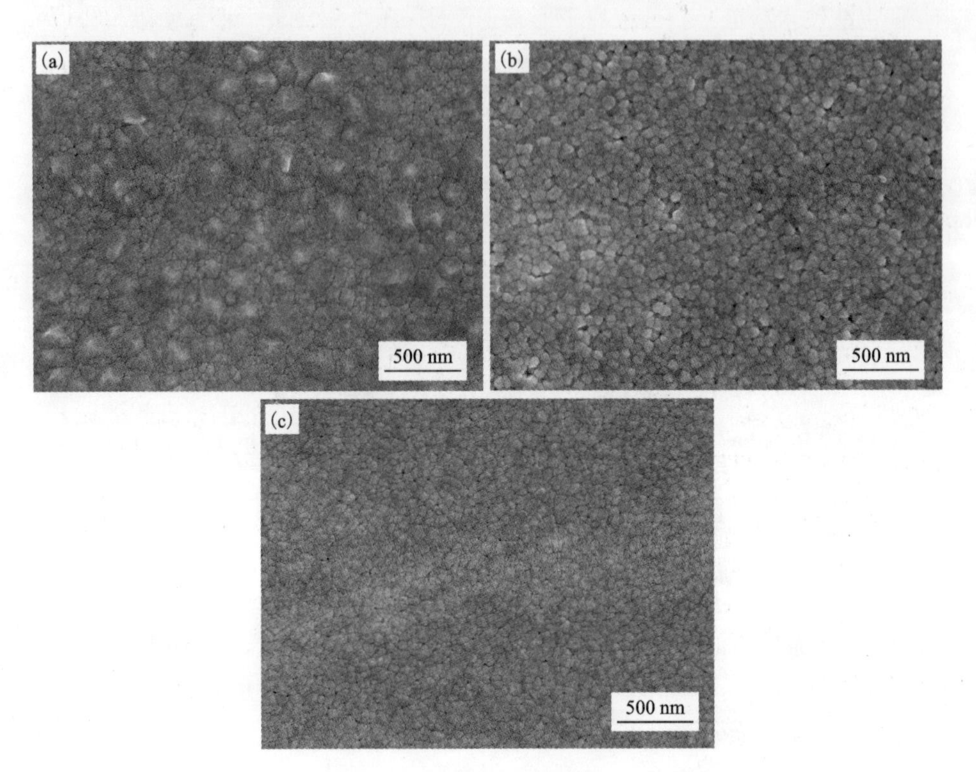

图3-6 不同pH条件下制备的样品扫描电镜图

Fig. 3-6 Surface SEM images of WO_3 films

(a) pH=1; (b) pH=2.8; (c) pH=6.9

3.3.2.2 PEG含量的影响

图3-7为采用不同PEG含量的前驱体溶胶制备的WO_3薄膜表面FESEM图，分别对应PEG与偏钨酸铵质量比为0.0%、25%、50%和75%。由图可见，未添加PEG的样品表面非常致密[图3-7(a)]，而加入PEG样品的表面，粒子间有一定的孔隙，这是由于有机物分解产生气体留下的孔隙，随着PEG量的增多孔隙增多。但当PEG添加量过多时，薄膜表面出现裂纹[图3-7(d)]。这可能是由于随着PEG添加量的增加，煅烧过程中产生大量的水和二氧化碳气体会冲破一些规则的孔结构而引起孔塌陷，从而形成不规则的裂纹。

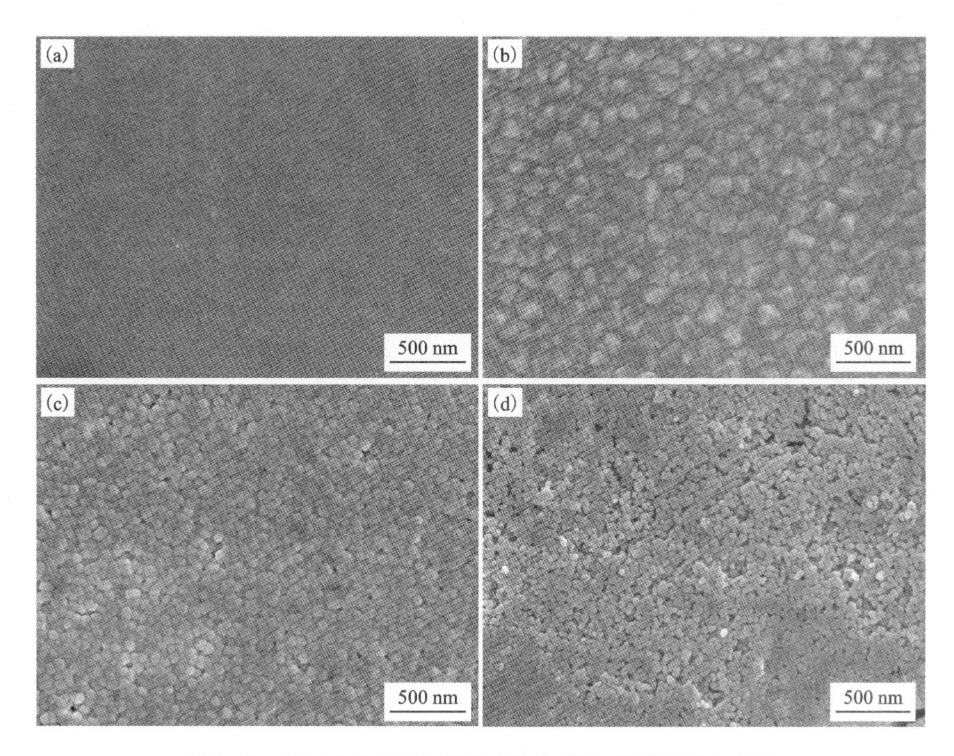

图 3-7　不同含量 PEG 溶胶制备的 WO_3 薄膜扫描电镜图

Fig. 3-7　FESEM images of WO_3 films prepared from precursor solutions containing different amounts of PEG

(a) 0.0%; (b) 25%; (c) 50%; (d) 75%

3.3.2.3　柠檬酸添加剂的影响

柠檬酸(CA)含有 1 个羟基和 3 个羧基，是一种多齿配体，同时具有配位和螯合作用。羟基与羧基中的双键氧容易形成较强的氢键(—O ⋯ H ⋯ O ═)，脱氢后的羟基氧极易与金属离子螯合，并围绕在金属离子周围生成三维网状聚合物，如图 3-8(b)所示[143, 144]。柠檬酸具有很强的配合能力，而有关柠檬酸与 W^{6+} 配合的研究也有见相关文献报道。Cervilla 等[145]采用紫外分光光度法和核磁共振等手段研究了柠檬酸与 W^{6+} 配合的反应，发现了不同 CA∶W 比例条件下能够形成不同两环结构的 W-CA 复合物。而 Zhang 等[146]则采用不同的钨盐与柠檬酸进行配合制备了 $NaK_3(W_2O_5(Hcit)_2)\cdot 4H_2O$ 及 $K_4(WO_3(cit))\cdot {}_2H_2O$(Hcit 为柠檬酸)，并研究了其配合反应过程。

为研究柠檬酸与偏钨酸铵配合反应情况，对添加了不同柠檬酸量的前驱体溶胶 100℃干燥后进行了傅里叶红外光谱测试，其图谱如图 3-9 所示。对于未添加

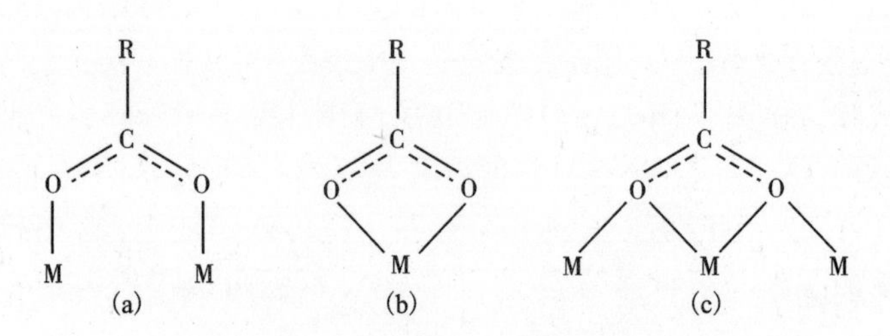

图 3-8 柠檬酸与金属阳离子桥接、螯合作用示意图

Fig. 3-8 Coordination modes of carboxyl groups in this work

(a)桥接; (b)螯合; (c)桥接+螯合

柠檬酸的前驱体溶胶，938 cm^{-1}、893 cm^{-1}、773 cm^{-1} 和 599 cm^{-1} 四个峰对应 $W_7O_{24}^{6-}$ 基团的宽吸收峰[147]。当加入柠檬酸后，可以观察到 1670 cm^{-1} 和 1380 cm^{-1} 两个新的吸收峰，这主要是由柠檬酸的羧基离子(COO^-)对称与不对称的伸缩振动引起的[148, 149]。随着柠檬酸量的增加，$W_7O_{24}^{6-}$ 基团对应的吸收峰(938 cm^{-1}、893 cm^{-1}、773 cm^{-1} 和 599 cm^{-1})逐渐减弱，羧基中的氢相应逐步被钨原子取代生成柠檬酸复合物，这与 Ibeh 等的研究结果相符合[150]。

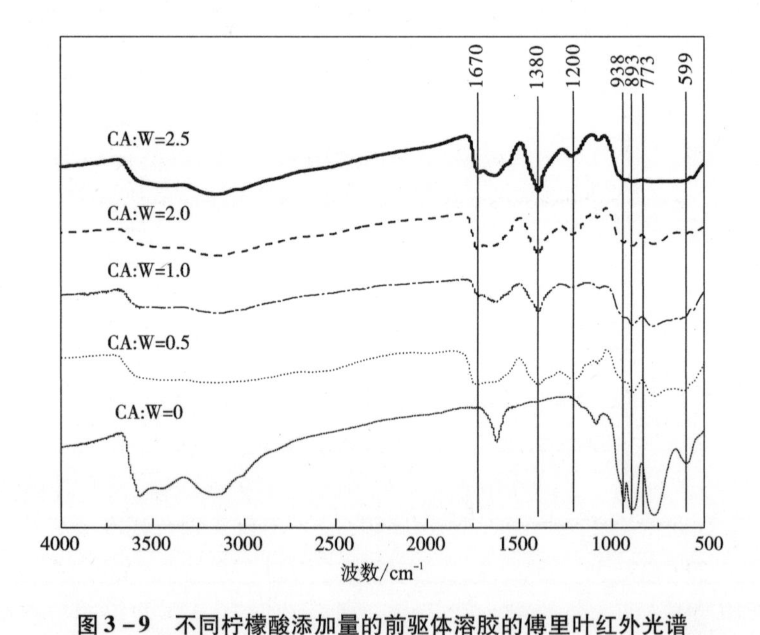

图 3-9 不同柠檬酸添加量的前驱体溶胶的傅里叶红外光谱

Fig. 3-9 FTIR spectra of dried samples obtained from a solution containing ammonium metatungstate and citric acid as chelating compound

采用溶胶 - 凝胶法制备薄膜，前驱体的稳定性是重要的工艺参数之一。因此考察了柠檬酸的用量对前驱体溶胶稳定性的影响，结果如表 3 - 2 所示。研究发现，前驱体溶胶金属离子(W^{6+})与柠檬酸的摩尔比为 0 和 0.5，得到的前驱体溶胶可以稳定放置 15 天。随着柠檬酸量的增加，溶胶的稳定时间越来越长，当两者的摩尔比为 1∶1 时，溶胶可以长期稳定存在。这可以归结于，随着柠檬酸溶液加入量的增加，羧酸根离子与金属离子配位完全，因而可以得到稳定的溶胶。

表 3 - 2　柠檬酸用量对前驱体溶胶稳定性的影响

Table 3 - 2　The influence of CA amount on the properties of precursor sols

金属离子(W^{6+})与柠檬酸的摩尔比	溶胶稳定时间
0	15 d
0.5	15 d
1	30 d
2	30 d
2.5	一个月以上

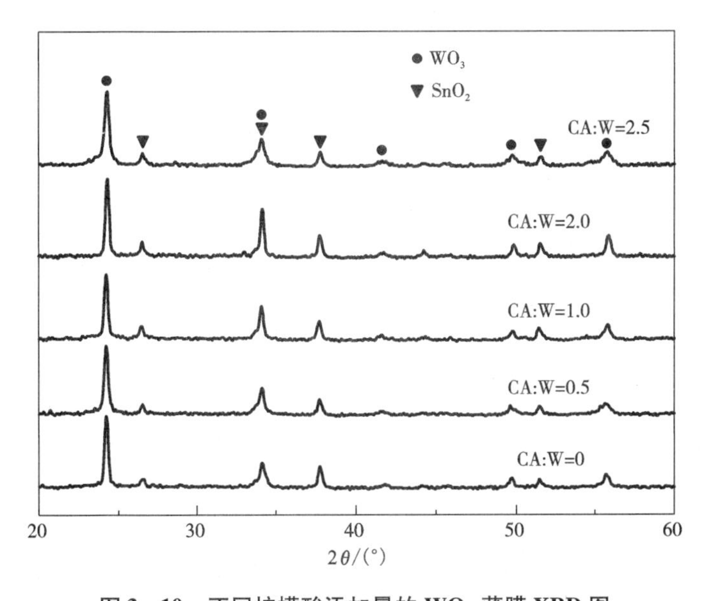

图 3 - 10　不同柠檬酸添加量的 WO_3 薄膜 XRD 图

Fig. 3 - 10　X-ray diffraction patterns of WO_3 films annealed at 450℃

图 3 - 10 为利用不同 CA∶W 摩尔比的前驱体溶胶镀膜，450℃煅烧 3 h 后得

到的样品 X 射线衍射谱。可以看出，所有样品的衍射峰位置基本一样，说明柠檬酸添加量对 WO_3 薄膜的晶体结构基本没有影响。扣除衬底 FTO 导电玻璃(SnO_2)后，其中在 2θ 为 23.4°、34.0°、42.1°、49.0°、55.3°处的衍射峰分别与立方晶相 WO_3 的标准图谱(JCPDS Card 41－0905)相对应。根据 XRD 结果计算得到晶面间距为 0.3686 nm，略小于立方晶相(JCPDS Card 41－0905)标准晶面间距(a = 0.3714 nm)。立方晶相的 WO_3 是一种亚稳态相，并不稳定，在高温度下易发生晶格扭曲转变为其他晶相。根据 $2\theta = 23.4°$，利用 Scherrer 公式：

$$D_{hkl} = k\lambda / \beta\cos\theta_{hkl}$$

其中：D_{hkl} 是垂直于晶向(hkl)方向上晶粒的粒度；k 是常数；λ 为 X 射线波长；β 是(hkl)晶面衍射峰的半高宽；θ_{hkl} 是(hkl)晶面的 Bragg 衍射角。可以估算出样品晶粒的平均尺寸为 38 nm、39 nm、40 nm、40 nm、43 nm。

图 3－11 为不同柠檬酸添加量的薄膜拉曼光谱(LRS)。由图可知，各样品的拉曼振动峰位置并没有明显频移，在 740 ~ 980 cm^{-1} 均出现振动峰，表明所有样品均为扭曲的八面体结构，柠檬酸添加量对 WO_3 的晶体结构没有显著影响，这与 XRD 结果相吻合。主要峰值 805 cm^{-1}、715 cm^{-1}、322 cm^{-1} 和 266 cm^{-1} 对应 WO_3 单斜相 $P2_1/n$ 的特征峰[44]，其中特征峰 805 cm^{-1} 是晶态 WO_3 的主峰。结合前面 XRD 图谱，拉曼光谱结果进一步验证了 WO_3 薄膜由立方相向单斜相转变的相变过程。

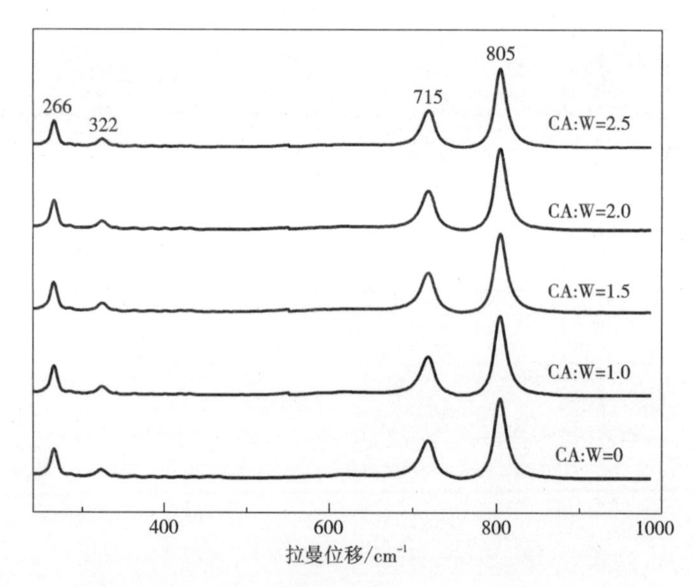

图 3－11　不同柠檬酸添加量的 WO_3 薄膜拉曼光谱

Fig. 3－11　Raman spectra of WO_3 films annealed at 450℃

不同柠檬酸添加量前驱体溶胶制备的薄膜在450℃下煅烧3 h的表面形貌如图3-12所示。从图可以看出，随着溶胶中柠檬酸含量的增加，薄膜平均颗粒大小和表面粗糙度逐渐增大。CA∶W 摩尔比为0、0.5、1.0、2.0和2.5条件下薄膜的颗粒平均尺寸分别为60 nm、80 nm、110 nm、115 nm和125 nm。这是由于退火过程中三羧基结构的柠檬酸比单一结构更难从薄膜表面去除，从而使得薄膜表面

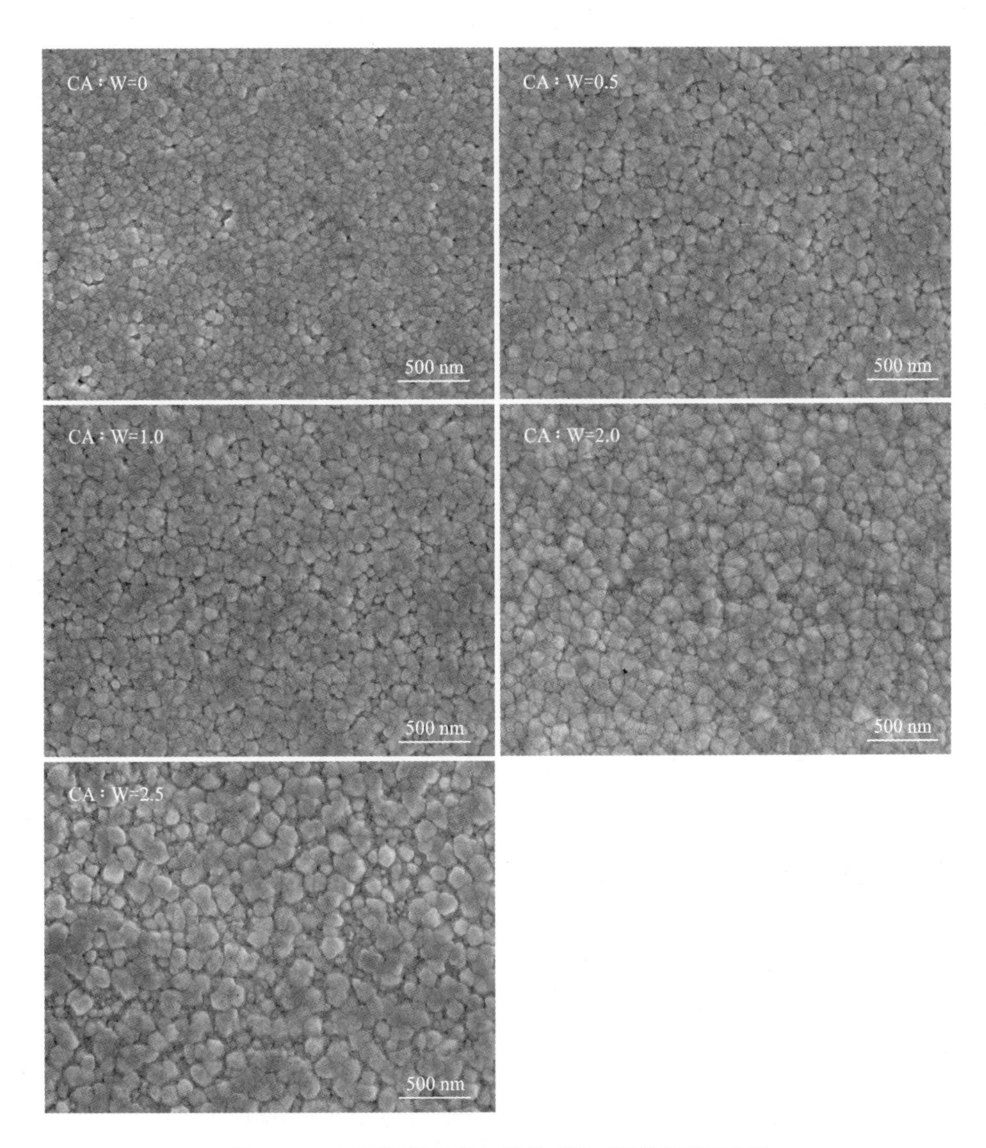

图3-12　不同柠檬酸添加量的 WO_3 薄膜 FESEM 图

Fig. 3-12　FESEM of WO_3 films annealed at 450℃

较为疏松，容易出现较粗糙的结构[151]。随着柠檬酸量的增加，前驱体离子分布均匀，以及低成键能，可以有效地降低结晶温度。因此，同一退火温度下加入柠檬酸胶体的薄膜颗粒成长更充分。另外，柠檬酸的三个配位键，粒子间会产生桥接作用，促使纳米级粒子发生聚集，如图 3 - 8(c)所示。大量粒子的聚集促使薄膜表面的颗粒增大[144, 151, 152]。不同柠檬酸用量对薄膜外观影响如表 3 - 3 所示。当 CA∶W 摩尔比低于 2.0 都可以得到均匀的 WO_3 薄膜，而当 CA∶W 摩尔比为 2.5 时，薄膜开始开裂。过多的柠檬酸会减弱溶胶涂膜与基底间的结合力，并增大两者膨胀系数的差异，使烧结得到的薄膜出现裂纹。因此，为改善薄膜表面质量，需适度降低溶胶中柠檬酸的浓度。

表 3 - 3　柠檬酸用量对 WO_3 薄膜外观的影响

Table 3 - 3　The influence of CA amount on the WO_3 films

金属离子(W^{6+})与柠檬酸的摩尔比	薄膜外观
0	均匀
0.5	均匀
1	均匀
2	均匀
2.5	轻微开裂

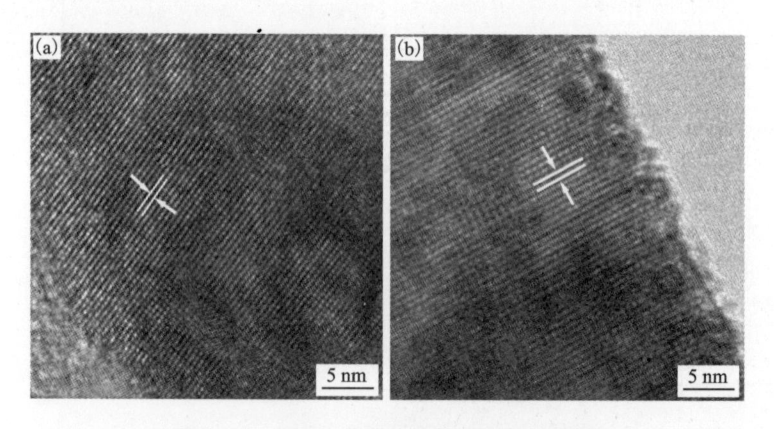

图 3 - 13　WO_3 薄膜的高分辨透射电镜图

Fig. 3 - 13　HRTEM of WO_3 films annealed at 450℃

(a) CA∶W = 0; (b) CA∶W = 2

为进一步研究柠檬酸对 WO_3 薄膜结构的影响，选取了未添加柠檬酸和 CA∶W =2两种前驱体溶胶制备的样品进行了 HRTEM 测试。从图 3 -13 可以看出，样品的晶面间距均为 3.7 Å，其所对应的晶面为(100)面，晶面的晶格清晰，分布广泛，表明样品的结晶度非常好。

3.3.3　WO_3 纳米薄膜的生长结晶过程

为研究 WO_3 纳米薄膜的生长结晶过程，结合 TG/DTA 分析结果，本书分别选择了在 350、400、450、500 及 550℃条件下对浸渍提拉后的样品进行热处理，前驱体溶胶 pH =2.8，热处理时间均为 3 h，图 3 -14 为各个样品的 XRD 图谱。在 350℃条件下，除了衬底 FTO 导电玻璃(SnO_2)的特征衍射峰外，没有观察到 WO_3 晶体结构的特征峰；当煅烧温度上升到 400℃，出现了立方相 WO_3。由此可以推测，在 350 ~400℃的范围内，WO_3 存在一个从非晶态向晶体转变的过程，这与前面 TG/DTA 的分析结果一致。随着煅烧温度的升高，WO_3 没有发生二次相变，说明采用聚合物前驱体法制得的 WO_3 薄膜结构稳定；另外，衍射峰随着温度的升高逐渐增强，说明 WO_3 的结晶度越高，生长越趋于完整。根据 Scherrer 公式估算出的各个样品平均粒度如表 3 -4 所示。

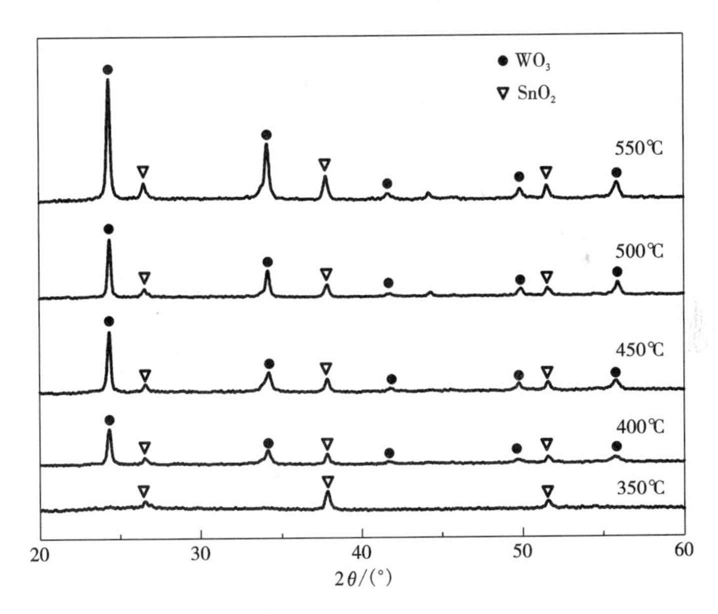

图 3 -14　不同热处理温度下 WO_3 薄膜的 XRD 图

Fig. 3 -14　X-ray diffraction patterns of WO_3 films calcined at the different temperature

表3-4 不同热处理温度下 WO_3 薄膜的颗粒大小

Table 3-4 The particle size of WO_3 films calcined at different temperature

样品	$T_{annealed}$/℃	平均粒度/nm（XRD 图）	平均粒度/nm（SEM 图）
b	400	25	—
c	450	38	60
d	500	40	170
e	550	49	240

图3-15 和图3-16 分别给出了不同热处理温度下制备的 WO_3 薄膜 FESEM 图及 EDS 谱。当温度为350℃时，在40000 倍的放大倍数下，薄膜表面平整光滑，可以观测到部分纳米颗粒。根据 XRD 和 EDS 图谱分析，此时的薄膜是由含有非晶态 WO_3 和碳化聚乙二醇的块状物质所组成。当温度升高到400℃时，薄膜表面是一些尖凸颗粒，其最大尺寸可以达到 300 nm，在大颗粒之间分布着一些粒径为 20 nm 左右小颗粒。EDS 图谱显示此时薄膜还残留有碳，出现大颗粒是由于没有燃烧完全的聚乙二醇将 WO_3 纳米粒子粘合在一起所导致。在450℃条件下，薄膜表面的 WO_3 纳米颗粒分布均一，没有出现大块颗粒，EDS 没有检测到碳，说明聚乙二醇已燃烧完全。随着热处理温度的上升，颗粒的粒径逐渐增大。当温度达到550℃时，最大粒径为 300 nm 左右。这是由于温度较低时，相对过饱和度大，晶体以成核为主，颗粒较小；温度升高，相对过饱和度降低，晶体以生长为主，颗粒较大。因此过高的温度不利于得到均一稳定的 WO_3 纳米薄膜。

WO_3 薄膜的晶体结构非常复杂，其结晶行为受到多种因素的影响，而镀膜衬底是其重要影响因素之一[30, 34, 153]。为了考察衬底对 WO_3 薄膜晶体结构的影响，本实验采用了 FTO 导电玻璃、石墨片、石英玻璃三种衬底镀膜。另外对聚合物前驱体进行干燥，450℃煅烧 3 h 获得的 WO_3 粉体也进行 XRD 测试。

图3-17 为不同衬底 WO_3 薄膜和 WO_3 粉体的 XRD 图谱。可以看出，以石英玻璃和石墨片为衬底制得的薄膜，除了衬底的特征峰外，在 2θ 为 23.07°、23.61°、24.32°的位置具有 WO_3 的衍射峰，对应单斜晶型 WO_3（JCPDS Card 83-0951）的(002)、(020)、(200)晶面。而以 FTO 导电玻璃为衬底得到的薄膜为立方晶型（JCPDS Card 41-0905）。

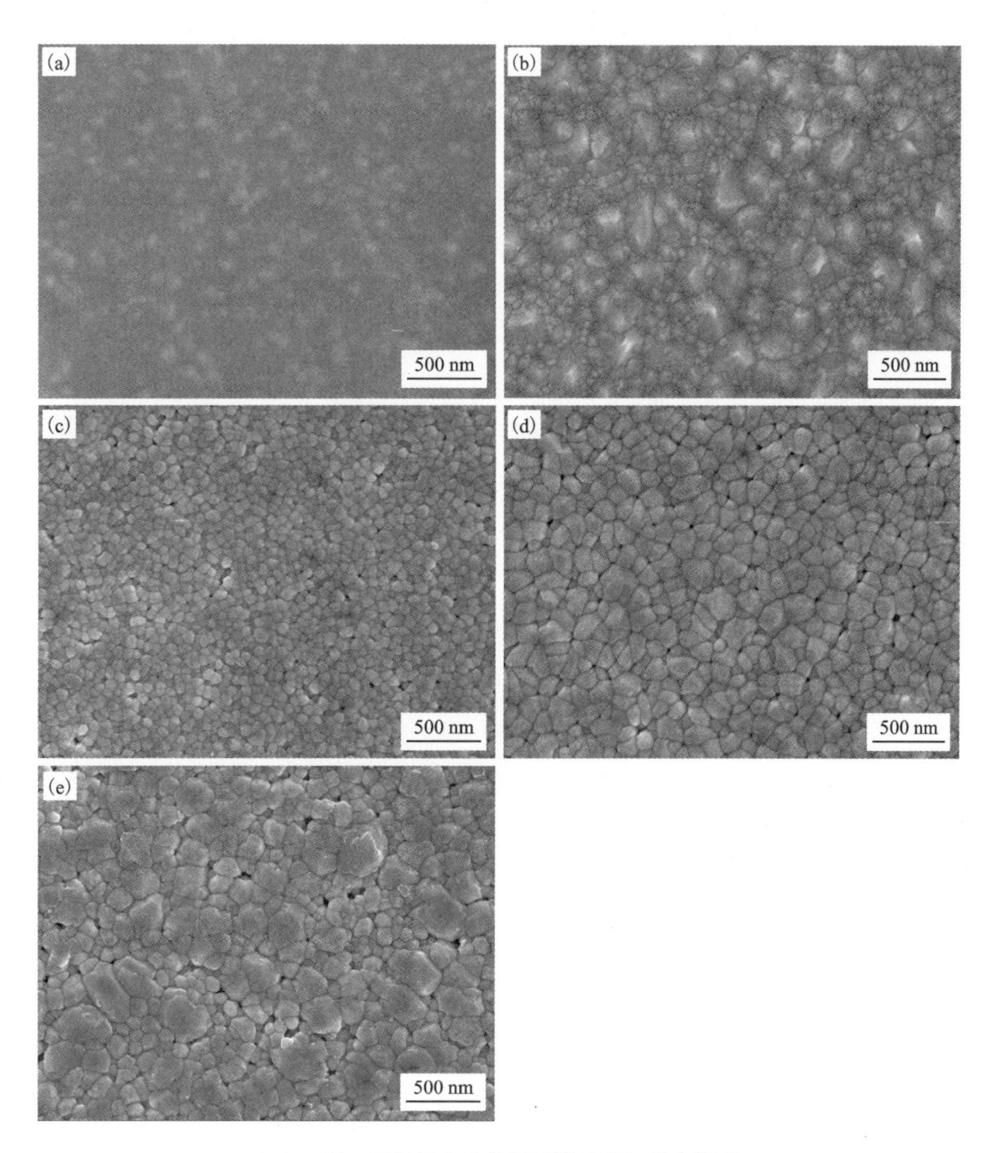

图 3-15　不同温度热处理后样品的扫描电镜图

Fig. 3-15　FESEM images of WO_3 films calcined at (a) 350℃; (b) 400℃; (c) 450℃; (d) 500℃; (e) 550℃

The pH of the precursor solution is 2.8

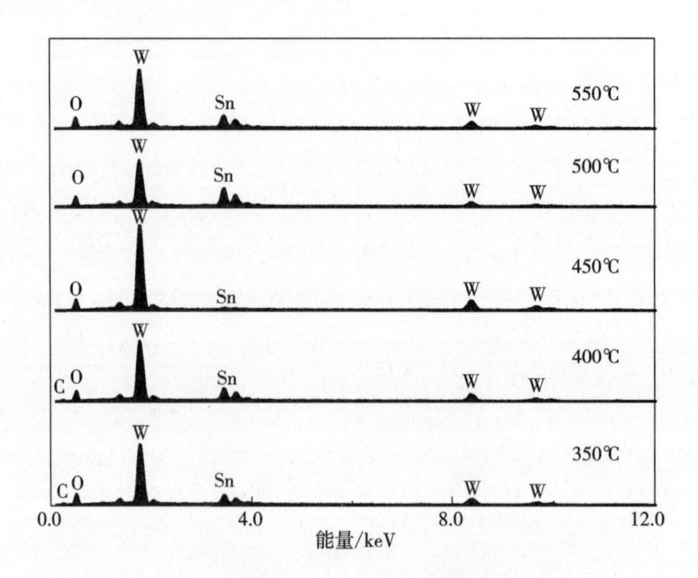

图 3-16 不同温度热处理后样品的 EDS 图谱

Fig. 3-16 EDS patterns of WO_3 films annealed at 350℃, 400℃, 450℃, 500℃, 550℃ The pH of the precursor solution is 2.8

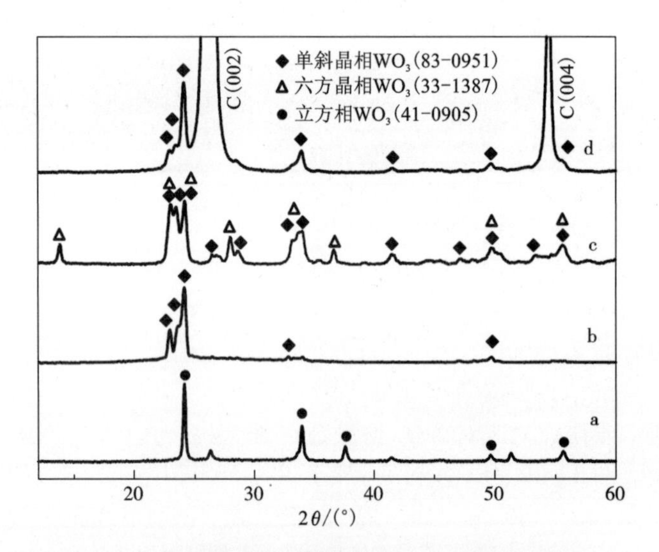

图 3-17 不同衬底 WO_3 薄膜及 WO_3 粉体 XRD 图谱

Fig. 3-17 X-ray diffraction patterns of WO_3 films coated on (a) FTO glass, (b) quartz glass, (d) graphite substrate, (c) WO_3 powders prepared from polymer precursor calcined at 450℃. The pH of the precursor solution is 2.8

Vogt 等[30]研究表明，块状 WO_3 的晶相随温度变化的转变过程为：三斜晶相（约30℃）→单斜晶相（330℃）→正交晶相（740℃）→四方晶相。但因空间尺寸效应等的影响，薄膜材料的晶相变化与块体材料会有所不同。根据 Sun[154] 和 Mohammad 等人[155]的研究发现，WO_3 薄膜在生长过程中，为适应衬底材料表面的原子排列方式，薄膜将选择合适的晶面生长。本实验采用的石英玻璃和 FTO 导电玻璃的区别为后者表面的 SnO_2 氧化物导电层，如图 3-18 所示。因此，我们认为出现立方相 WO_3 是由于 FTO 导电玻璃表面的 SnO_2 所造成的。另外，此实验结果与 T. Nishide 等[35]报道的有所区别。他们以含有 2，4 戊二酮的 WCl_6 乙醇溶胶为前驱体，在石英玻璃衬底观察到立方晶相 WO_3，这可能是前驱体不同的原因。这一点可从他们的实验结果得到验证，当前驱体溶胶未添加 2，4 戊二酮时，相同条件下得到的 WO_3 薄膜则为立方和单斜混合相。

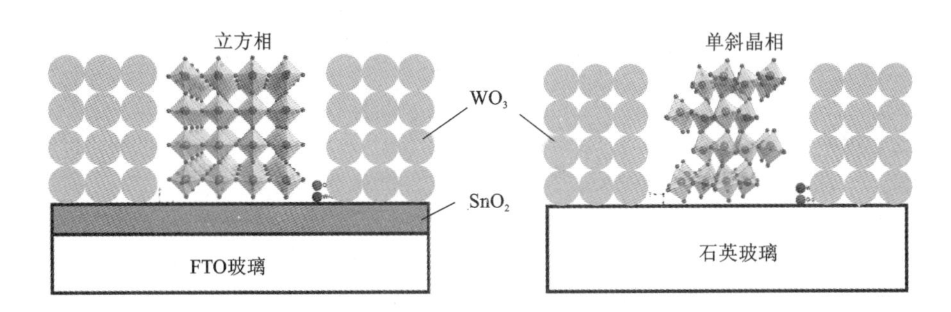

图 3-18 不同衬底的 WO_3 薄膜结构示意图

Fig. 3-18 Schematic of WO_3 films on FTO and quartz glass

此外，由图 3-17 可以看出，前驱物直接煅烧得到的 WO_3 粉体除了在 2θ 为 23.07°、23.61°、24.32°的位置具有衍射峰外，在 $2\theta = 14°$附近有一个六方相 WO_3 的特征峰，说明相同热处理温度和时间条件下获得的 WO_3 粉体同时含有单斜晶相（JCPDS Card 83-0951）和六方晶相（JCPDS Card 33-1387）。这也充分表明 WO_3 晶体结构随着制备条件变化的复杂性。

为了进一步研究衬底对 WO_3 薄膜造成的结构相变，对所制的样品进行了拉曼光谱检测。图 3-19 为不同衬底制备的 WO_3 薄膜拉曼光谱（LRS）。由图可知，各薄膜样品在 740～980 cm^{-1}均出现振动峰，其中特征峰 805 cm^{-1}是晶态 WO_3 的主峰，表明所有样品 WO_3 均为扭曲的八面体结构[141]。石英玻璃和石墨衬底样品的主要峰值为 805 cm^{-1}、715 cm^{-1}、322 cm^{-1}和 266 cm^{-1}，对应 WO_3 单斜相 $P2_1/n$ 的特征峰，其中 266 cm^{-1}和 322 cm^{-1}对应 O—W—O 桥氧的弯曲振动，而 715 cm^{-1}和 805 cm^{-1}则对应于其拉伸振动。FTO 导电玻璃衬底的薄膜出现的主要峰值为 795 cm^{-1}、707 cm^{-1}、293 cm^{-1}和 255 cm^{-1}，与 WO_3 单斜相 $P2_1/n$ 的特征峰

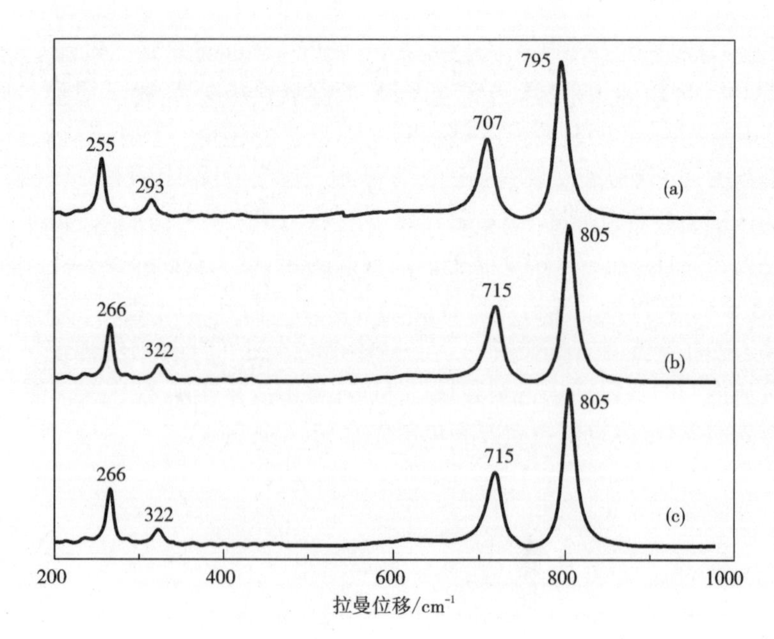

图 3-19　不同衬底 WO_3 薄膜拉曼光谱

(a)FTO 玻璃；(b)石英玻璃；(c)石墨

Fig. 3-19　Raman spectra of WO_3 films annealed at 450℃ coated on (a) FTO glass, (b) quartz glass, (c) graphite substrate calcined at 450℃

相比有一定的频移，根据文献报道的扭曲立方结构 WO_3 的拉曼光谱特征峰[156]，推测这是由于 WO_3 发生了由立方向单斜结构转变，这与前面 XRD 分析结果相一致。

图 3-20(a)，3-20(b)和 3-20(c)分别为 FTO 导电玻璃、石英玻璃和石墨三种衬底 WO_3 薄膜的场发射扫描电镜图。在 450℃热处理条件下，FTO 导电玻璃和石英玻璃衬底的薄膜均匀而致密，表面 WO_3 颗粒尺寸分布均一，粒径均在 50 nm 左右。而以石墨衬底镀膜的样品颗粒尺寸较大，为 150 nm 左右，大颗粒之间分布着一些粒径为 20 nm 左右小颗粒，薄膜表面多孔且疏松，粗糙度有所增加。这是因为在粗糙的表面上(石墨)，各处的吸附能差别较大，因此在吸附能较高的位置容易形成核，即优先核生长，所以得到的薄膜多孔洞且疏松；而在较光滑的表面(FTO 导电玻璃和石英玻璃)，缺陷相对较少，各处的吸附能差异不大且分布均匀，因此得到的薄膜均匀而致密。

光致发光光谱(PL)是检测半导体固相材料光学性质的有效方法，能够反映半导体中光生载流子的诱捕、迁移、传递的效率以及表面结构等的信息。图 3-21(a)，3-21(b)和 3-21(c)分别为 FTO 导电玻璃、石英玻璃和石墨三种衬底

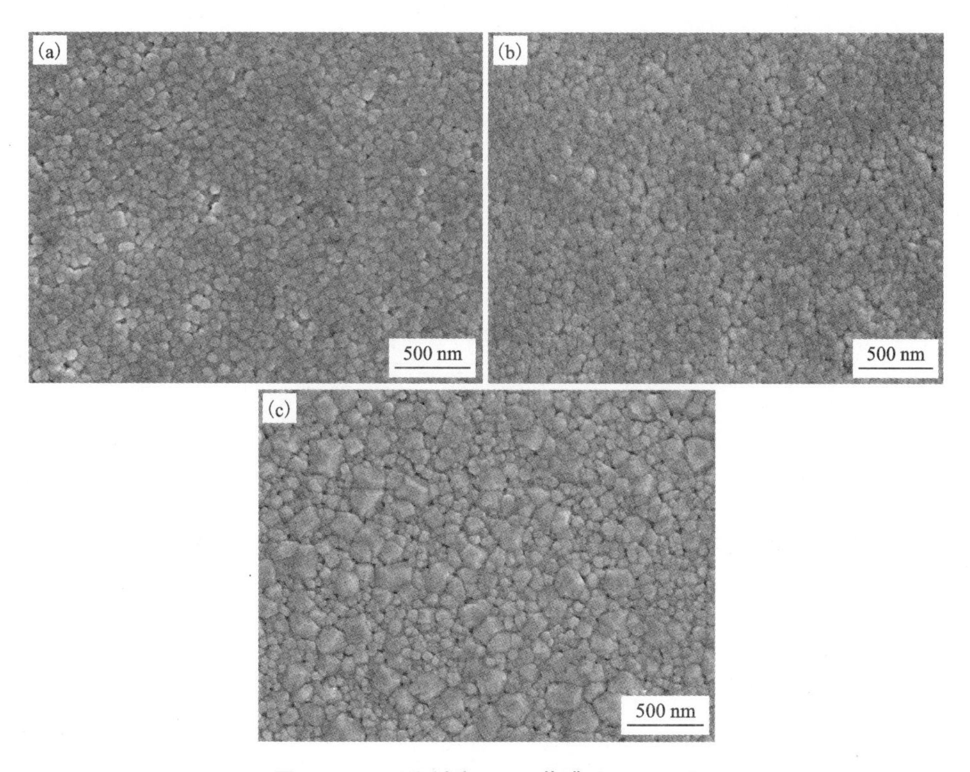

图3-20 不同衬底 WO_3 薄膜 FESEM 图

(a)FTO 玻璃；(b)石英玻璃；(c)石墨

Fig. 3-20 FESEM images of WO_3 films coated on

(a) FTO glass, (b) quartz glass, (c) graphite substrate calcined at 450℃

WO_3 薄膜在 350~550 nm 范围内的荧光发射光谱，激发波长为 275 nm。由图可见，WO_3 薄膜的光致发光光谱主要是在 460~500 nm 蓝色低能发光带，这一低能发光带可归属于微晶的表面态及晶体结构的深能级发射[157]。比较图3-21(b)和3-21(c)可以看出，相比石墨衬底薄膜样品的发射峰强度，石英玻璃衬底的强度有所降低，而 FTO 导电玻璃衬底的 WO_3 薄膜发射峰强度最弱，同时其最强峰位置由前两者的 472 nm 变为 475 nm，发生了轻微的蓝移。

对不同衬底 WO_3 薄膜的光致发光强度结果可以从两方面进行分析。一方面是薄膜表面 WO_3 颗粒尺寸对光致发光强度的影响。大尺寸的颗粒对激发光散射小，能更有效的吸收激发光，其发光效率高；但越小尺寸的颗粒由于表面缺陷增多，且电子运动的平均自由路程短，形成激子的概率越大，其发光信号也越强。薄膜表面颗粒尺寸对光致发光强度的影响是上述两种因素共同作用的结果。该实验结果显示，以石墨和石英玻璃衬底镀膜的薄膜均为单斜晶型，且从电镜图可以看出石英玻璃衬底的薄膜样品表面颗粒尺寸明显小于石墨衬底的，而荧光发射峰强度却降低，因此大粒径薄膜的表面对激发光散射小是影响发光强度的主要因素。

另一方面是薄膜晶体结构对光致发光强度的影响。根据文献报道[17, 158]，不同晶体结构 WO_3 的钨氧八面体所围成的孔道结构在其动力学行为过程起着重要的作用。立方晶型的 WO_3 为钨氧八面体共角顶相连而成的复杂的网络结构，不具有规则的孔道结构，且各配位体之间的空隙也被氧原子占据，相比结构较简单的单斜晶型 WO_3，此结构不利于光激发过程电子的传递。因此从 PL 图谱的分析结果可以推测，FTO 导电玻璃衬底薄膜样品的发光性能最弱可能是由于 WO_3 的扭曲立方结构造成的。另外，与石英玻璃衬底的 WO_3 薄膜相比，石墨衬底薄膜样品的发光增强程度小于 FTO 导电玻璃衬底样品的减弱程度，可见晶体结构对 WO_3 薄膜的发光性能影响更大。

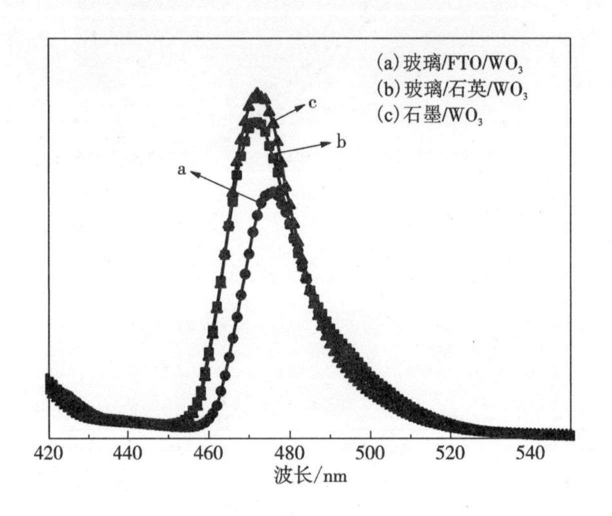

图 3-21 不同衬底 WO_3 薄膜 PL 图

Fig. 3-21 PL spectra of WO_3 films coated on (a) FTO glass, (b) quartz glass, (c) graphite substrate calcined at 450℃

3.3.4 WO_3 纳米薄膜电极的光电化学性质

3.3.4.1 WO_3 薄膜电极的光学特性

图 3-22 为不同热处理温度下 WO_3 薄膜的紫外-可见吸收光谱，其中前驱体溶胶 pH = 2.8，PEG 含量为 50%，热处理时间均为 3 h(以下如未特别说明，均为该工艺条件)。从图可以看出，所有样品的光吸收范围没有明显区别，均在 470 nm 以下。根据公式 $(\alpha h\nu) = A_0(h\nu - E_g)^2$，由所测得的吸收谱作 WO_3 薄膜吸收系

数 α 的开平方与 $h\nu$ 关系曲线，延长其直线部分与 $h\nu$ 轴相交，其交点即是光学带隙 E_g。从图3－22(b)可以看出，不同温度条件下得到的薄膜样品禁带宽度差别不大，均在2.7 eV左右，和文献报道值一致[44, 159]。随着热处理温度的上升，薄膜在300～450 nm波长范围内的光吸收率有所增加。这主要是因为样品的结晶度随温度升高而升高，使得其光吸收效率提高。

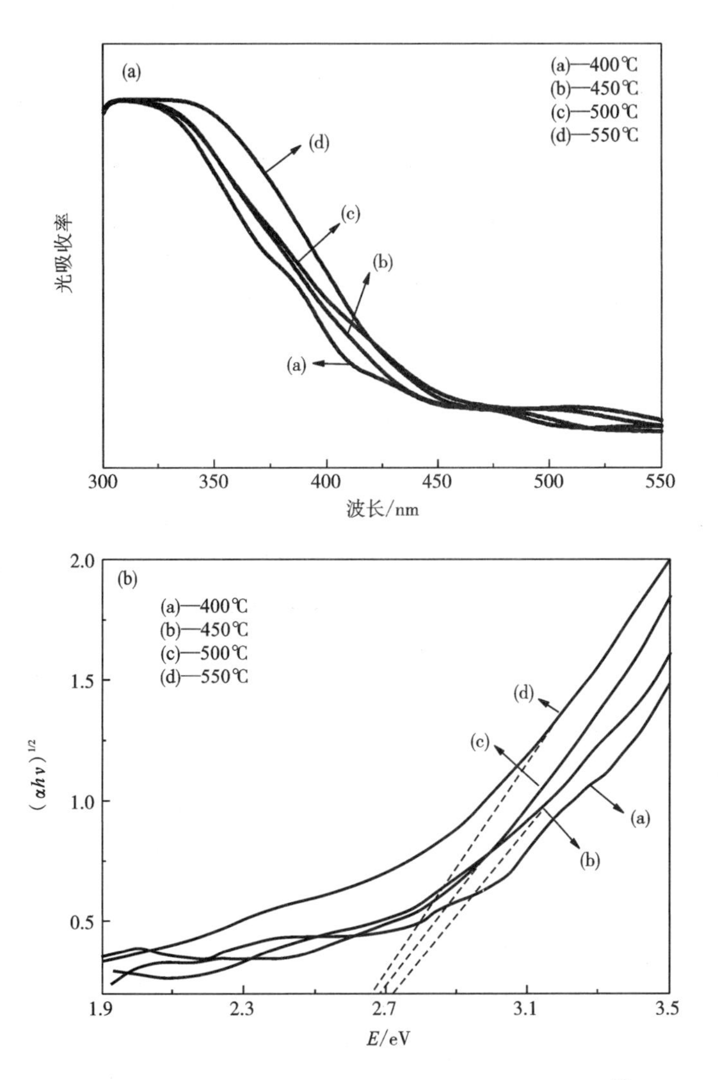

图3－22 不同热处理温度 WO_3 薄膜的紫外－可见吸收光谱(a)，$(\alpha h\nu)^{1/2}$ 与 $h\nu$ 关系图(b)

Fig. 3－22 UV/vis absorption spectra (a) and (b) plots of $(\alpha h\nu)^{1/2}$ vs. $h\nu$ for the WO_3 films calcined at different temperatures

图3-23为不同柠檬酸添加量条件下的样品紫外-可见吸收光谱。与图3-22相比，所有样品的光吸收范围也均在470 nm以下，与WO_3理论禁带宽度2.7 eV相吻合。随着柠檬酸添加量的增加，薄膜在300~450 nm波长范围内的光吸收率有所增加，这主要是薄膜表面颗粒尺寸和粗糙度增大的原因。Usami A等[160, 161]的研究发现，大颗粒纳米晶粒的散射效应增加了光子在纳米晶粒薄膜中的传播路程，提高了薄膜吸收光子的概率，有利于提高光能吸收效率。

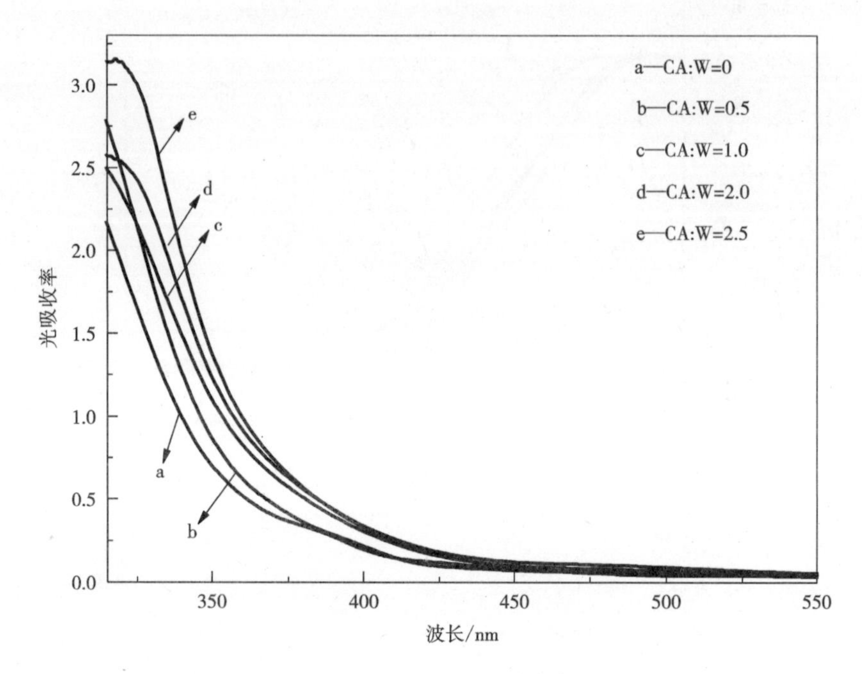

图3-23　添加不同柠檬酸制备的WO_3薄膜紫外-可见吸收光谱

Fig. 3-23　UV/vis diffuse absorption spectra of WO_3 films

3.3.4.2　循环伏安特性

为了研究WO_3薄膜电极的光电性能，采用三电极体系，以H_2SO_4溶液为电解质，通过测量光电流来研究电极的光电化学性能。图3-24为450℃热处理后的WO_3薄膜电极在暗态和500 W氙灯光源(光强为100 mW/cm^2)照射下的循环伏安曲线。可以看出，暗态条件下在扫描范围内电极的极化电流很小，远小于光照下的阳极光电流。光照条件下光电化学反应具有良好的可逆性。在电位为0.35~1.2 V(vs. Ag/AgCl)范围内，对电极Pt(阴极)和WO_3薄膜电极(阳极)分别发生如下反应：

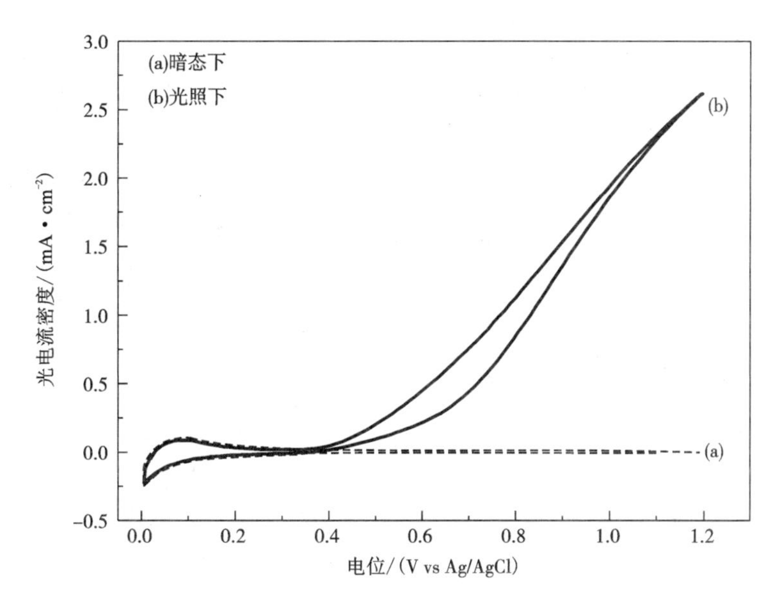

图3-24 450℃热处理的 WO_3 薄膜电极 CV 曲线

Fig. 3-24 Cyclic voltammograms of the WO_3 films calcined at 450℃

阳极：$2OH^- + h^+ \longrightarrow O_2\uparrow + 2H^+$

阴极：$2H^+ + 2e^- \longrightarrow H_2\uparrow$

光照条件下，当施加偏压较小时，WO_3 的准 Fermi 能级较高，电解液中的受主易于捕获电极中邻近 WO_3/电解质界面处的光生电子，因此阳极光电流较弱，甚至趋近于0。随着偏压的升高，WO_3 的准 Fermi 能级随之降低，电解质中的受主对光生电子的捕获变得越来越困难，使得扩散到导电基底的光生电子数目逐渐增大；当偏压达到一定值后，所形成的外加电场进一步加大了光生电子的迁移速度，因此阳极光生电流也随电位的正移而逐渐增强。

3.3.4.3 Mott-Schottky 测试

Mott-Schottky 测试是在0.5 mol/L H_2SO_4 电解质中进行的，结果如图3-25所示。从图可以看出，制备的 WO_3 薄膜属于n-型半导体，其平带电位(U_{fb})和载流子浓度(N_d)可通过 Mott-Schottky 图的截距和斜率来获得，其关系式如下：

$$\frac{1}{C_{sc}^2} = \frac{2}{\varepsilon\varepsilon_0 q N_D}\left(U - U_{fb} - \frac{kT}{q}\right)$$

其中：C_{sc}，ε 分别为电极的空间电荷电容和相对介电常数；ε_0 为真空介电常数；q 为电子电量；U 为施加电位；k 为波尔茨曼常数；T 为环境温度。WO_3 的相对介电常数 ε 取50，真空介电常数 ε_0 取 8.85×10^{-14} F/cm²，温度为298K，测量得到的

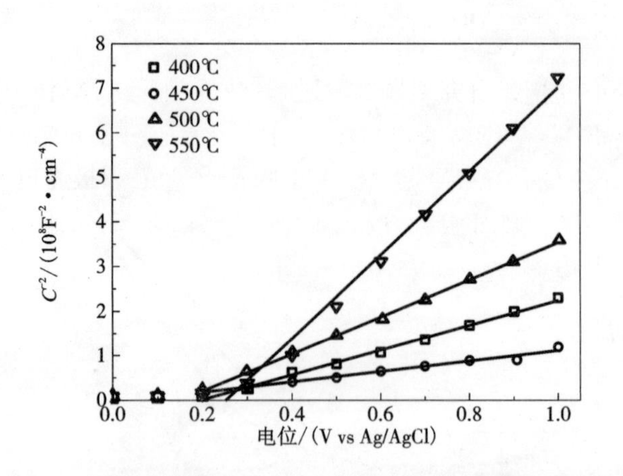

图 3-25 不同热处理温度下 WO_3 薄膜电极的 Mott-Schottky 曲线

Fig. 3-25 Mott-Schottky plots of WO_3 film calcined at different temperature

平带电位和载流子浓度值见表 3-5。可以看出载流子浓度随煅烧温度增高呈先增大再减少的趋势。当热处理温度为 400℃时，薄膜中未完全去除的聚乙二醇将影响电子传输性能，故载流子浓度较低。随着煅烧温度的上升，WO_3 结晶度升高，且由于颗粒尺寸较小，造成表面缺陷增多，载流子浓度增大。当温度进一步升高，微小颗粒结晶成大晶粒，使体相缺陷和表面缺陷浓度减小，则载流子浓度降低。450℃条件下薄膜的载流子浓度最大，为 2.44×10^{22} cm^{-3}。Su[162]报道的无定形 WO_3 的载流子浓度值为 1.4×10^{20} cm^{-3}，而 Sivakumar[163]报道的单斜晶相 WO_3 的载流子浓度值为 1.45×10^{20} cm^{-3}。我们认为除了较小的颗粒尺寸外，样品较高的载流子浓度值与 WO_3 的立方晶相结构也有一定的关系。另外，450℃条件下薄膜电极的平带电位明显负移，平带电位的负移通常有利于电极光电性能提高[81, 164]。

表 3-5 不同热处理温度下 WO_3 薄膜电极的平带电位和载流子浓度

Table 3-5 The flat band potential and donor carrier density of WO_3 films calcined at different temperature

$T_{annealed}$/℃	U_{fb}/V	$10^{22}N_D/cm^{-3}$
400	0.193	1.02
450	0.059	2.44
500	0.148	0.68
550	0.249	0.30

3.3.4.4 瞬态光电流时间谱分析

瞬态光电流时间谱是研究半导体电极/溶液界面光生电荷转移特性的有效方法。图 3－26 给出了 WO_3 薄膜电极在不同电位下的瞬态光电流谱。由图可知，当施加电位≤0.6 V(vs. Ag/AgCl)时，照射瞬间产生的阳极光电流逐渐减小，并在 15 s 后趋于稳定；当施加电位＞0.6 V(vs. Ag/AgCl)时，照射瞬间电极中即刻产生稳定的阳极光电流。

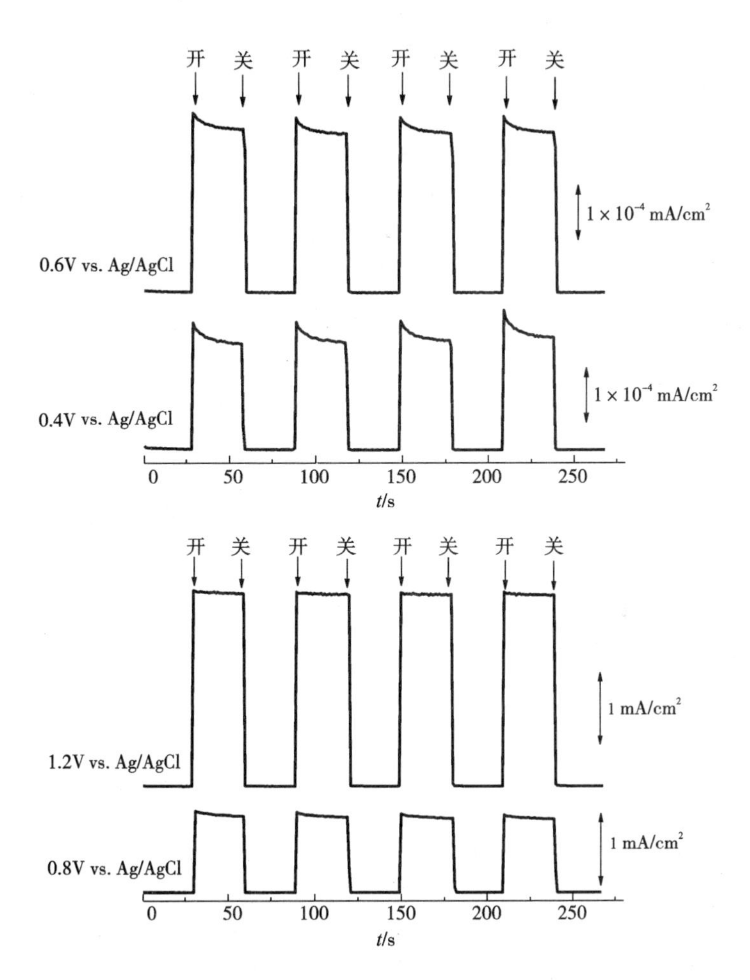

图 3－26 450℃热处理下 WO_3 薄膜电极的瞬态光电流谱

Fig. 3－26 Transient photocurrent spectra of the WO_3 film calcined at 450℃

上述现象表明，偏压的高低不仅能够改变光生载流子的传输速率，同时还能显著影响表面态对光生电子的捕获。在较高电位下(>0.6 V vs. Ag/AgCl)，光生载流子的传输速率较大，表面态很难捕获导带中的光生电子，因此光电流比较稳定。随着电位的降低(0.6 V vs. Ag/AgCl)，光生载流子的传输速率相对下降，部分光生电子 - 空穴对开始通过表面态复合，使得阳极光电流随时间逐渐减小，并在一定时间范围内达到稳定。因此，高于 0.6 V(vs. Ag/AgC)的电极电位能够有效提高光生载流子的传输速率，并抑制表面态对光生电子的捕获，从而提高阳极光电流的大小和稳定性。

3.3.4.5 稳态光电流谱及光转化效率

在三电极光电化学池中对致密及纳米结构的 WO_3 薄膜电极的稳态光电流谱分析，并计算出光电极的光转化效率，以衡量 WO_3 薄膜电极的光电化学性能。图 3 - 27 给出了不同 PEG 含量前驱体溶胶制备的 WO_3 薄膜电极在光照条件下的稳态光电流谱，光强为 100 mW/cm^2，扫描速度为 10 mV/s。从图可以看到随着 PEG 含量的增加，电极的光电流密度先增大后减小，PEG 质量分数为 50% 时光电流达到最大。这主要是由于随着 PEG 含量的增加，WO_3 薄膜的孔隙度增大，表面积增加，进而提高了光电化学反应效率。而当 PEG 添加量过多时，煅烧过程中产生大量的水和二氧化碳气体会冲破一些规则的孔结构而引起孔塌陷，影响光生电子的传输，反而降低了其光电性能。

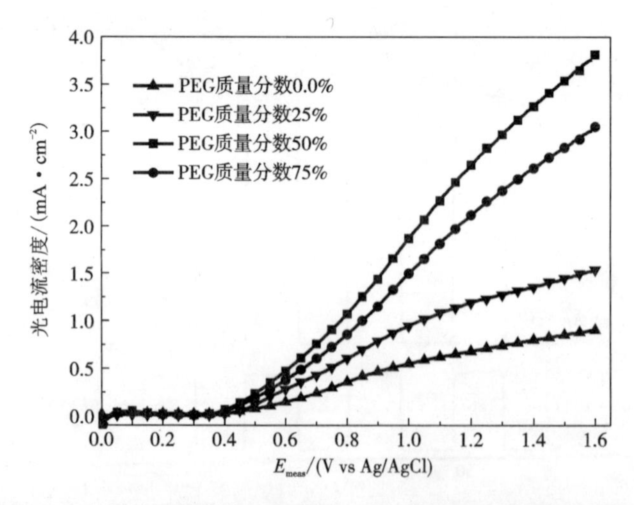

图 3 - 27 不同 PEG 含量前驱体溶胶制备的 WO_3 薄膜电极在光照条件下的稳态光电流谱

Fig. 3 - 27 Photocurrent-potential curve of WO_3 films prepared from precursor solutions containing different amounts of PEG

为考察热处理温度对 WO_3 薄膜电极光电性能的影响，对不同热处理温度条件下获得的光电极进行稳态光电流谱测试。图 3－28 为不同热处理温度下的 WO_3 薄膜电极在 500 W 氙灯光源(光强为 100 mW/cm^2)照射下的光电流谱图。从图可以看出，热处理温度为 350℃的样品在扫描范围内的光电流很小，趋于 0，此时的 WO_3 为非晶态，基本无光电响应。随着温度的上升，样品光电流呈先增大后减少的趋势。在 1.2 V(vs. Ag/AgCl)条件下，处理温度 400℃、450℃、500℃和 550℃样品的光电流分别为 1.92 mA/cm^2、2.70 mA/cm^2、2.01 mA/cm^2 和 1.05 mA/cm^2。在 350～450℃的温度范围内，WO_3 存在一个从非晶型到晶体转变的过程。热处理温度为 400℃的样品光电流较低是因为含有部分无定形 WO_3。另外，未煅烧完全的有机物添加剂也将影响 WO_3 薄膜的光生电子传输性能，降低其光电活性。随着温度的上升，WO_3 的结晶度提高和有机物添加剂的去除，光电性能也随着提高。当煅烧温度继续上升，WO_3 薄膜结晶度越高，颗粒越大，反而降低了电极的孔隙率，光电流开始下降。

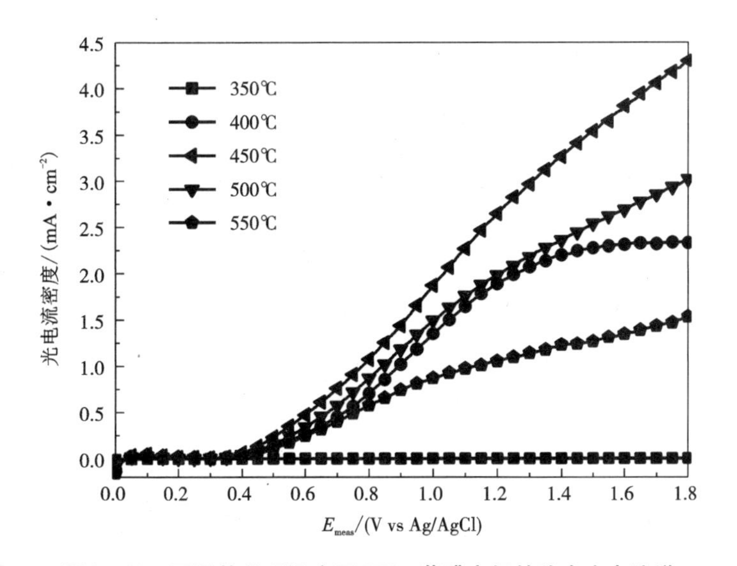

图 3－28　不同热处理温度下 WO_3 薄膜电极的稳态光电流谱

Fig. 3－28　Photocurrent-potential curve of the WO_3 films calicned at different temperature

光转化效率 ε，为一定偏压下半导体电极将光能转化为化学能的效率，是衡量光电极性能的重要参数，定义为：

$$\varepsilon(\%)=j_p\{(E_{rev}^0-|E_{app}|)\}/I_0\times 100$$

其中：j_p 为测得的光电流密度；E_{rev}^0 为反应的标准可逆电极电势；对于此研究中在 pH＝0 的 H_2SO_4 溶液中的水分解反应其值为 1.23 V；I_0 为入射光功率(此实验为

100 mW/cm^2)；E_{app}为实际施加的偏压，可以定义为$E_{app}=E_{meas}-E_{ocp}$，其中E_{meas}为在j_p的光照条件下工作电极的电极电位，E_{ocp}为工作电极在同样电解质和光照条件下的开路电位。图3-29为不同热处理温度的WO_3薄膜电极的光转化效率，当外加偏压为1.0 V时，400℃、450℃、500℃和550℃样品光转化效率分别是0.65%、0.81%、0.72%和0.45%。当偏压升高，光电流已趋近达到平衡饱和状态，光转化效率反而降低，因此电极的光转化效率有最佳电极电位和最高转化效率。对于本实验450℃热处理的WO_3薄膜电极在1.0 V(vs. Ag/AgCl)下光转化效率最高，为0.81%。

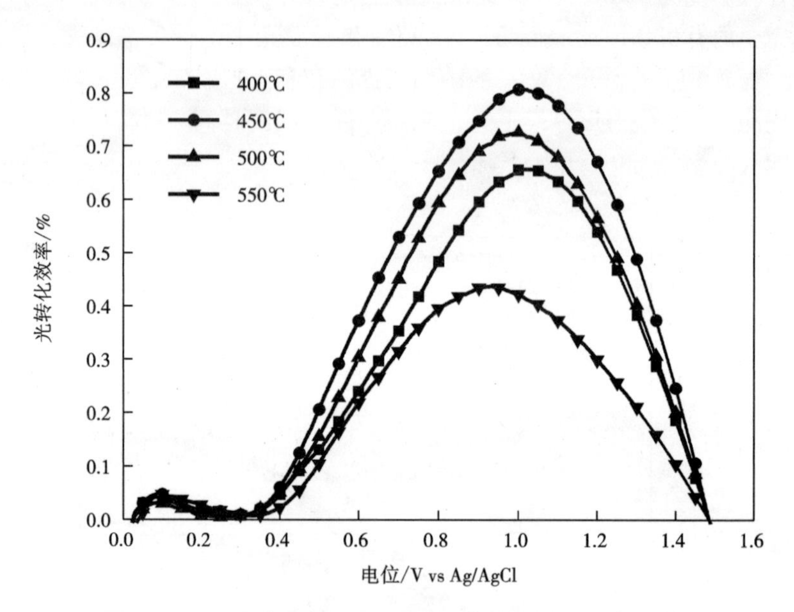

图3-29 不同热处理温度下WO_3薄膜电极的光转化效率

(H_2SO_4，pH=0，I_0=100 mW/cm^2)

Fig.3-29 Photoconversion efficiencies of of the WO_3 films calicned at different temperature

(H_2SO_4，pH=0，I_0=100 mW/cm^2)

图3-30为不同柠檬酸添加量溶胶镀膜制备的WO_3光电极在暗态和500 W氙灯光源(光强为100 mW/cm^2)照射下的稳态光电流谱图，扫描速度为10 mV/s。从图可以看出。当电位为1.2 V(vs. Ag/AgCl)时，CA∶W摩尔比为0、0.5、1.0、2.0和2.5条件下制备的WO_3光电极的光电流密度分别为2.4 mA/cm^2、3.2 mA/cm^2、3.4 mA/cm^2、3.5 mA/cm^{2}和2.0 mA/cm^2，呈先增再减的过程。另外，从图3-30还可以看出，电位升至1.4 V(vs. Ag/AgCl)时，CA∶W摩尔比为0.5、1.0和2.0的电极光电流增大趋势开始变的平缓，此时光生载流子的产率因受到光源

强度的限制而趋于饱和，使得光电流随电位的正移趋势开始变得平缓。可见，添加适量的柠檬酸不仅可以提高 WO_3 薄膜电极光电流密度，还可以在较低电位下使光电极的载流子产率达到饱和。

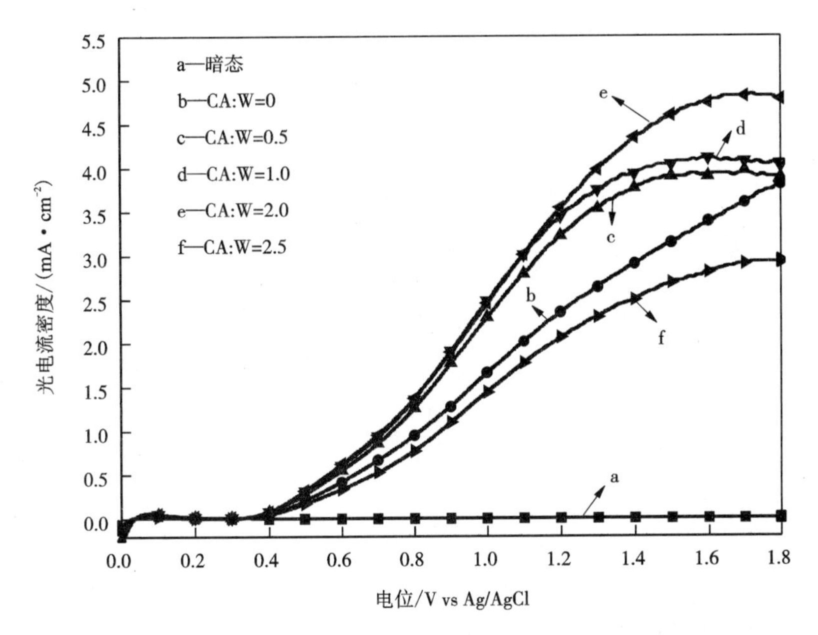

图 3-30 不同柠檬酸添加量的 WO_3 薄膜电极稳态光电流谱图

Fig. 3-30 Photocurrent-potential curve for the WO_3 films

在光电化学池体系中，半导体导带上激发产生的电子先转移到导电基底，再通过外电路流向对电极，水中质子从对电极上(一般为 Pt 电极)接受电子而产生氢气。由于外界偏压的作用，光生电子-空穴对易分离，表面复合是影响光电极性能的次要因素，而光生电子向薄膜电极迁移过程的复合空间和半导体/电解质界面的空穴扩散对光电性能起绝对作用，如图 3-31 所示。对于 WO_3 光阳极，可以通过如下公式得到空穴扩散长度[165]：

$$L_p = \left(\frac{\mu_p}{\mu_p + \mu_e}\right)^{1/2} \left(\frac{\varepsilon k_B T}{4\pi e^2 N_D}\right)^{1/2}$$

其中：μ_e 为电子迁移率；μ_p 为空穴迁移率；ε 为真空介电常数；N_D 为载流子浓度。根据 ε 和 N_D 值可以计算出 WO_3 的空穴扩散长度 L_p 约为 150 nm。当 WO_3 颗粒粒径 $d < L_p$ 时，空穴更容易到达 WO_3/电解质界面而较少发生复合，而当 $d > L_p$，空穴复合的几率将增大，因此光电活性将下降。对于 $d < L_p$ 的 WO_3 颗粒，粒径越小，薄膜的晶界越多，复合空间也越大，光电性能也会下降[20]。

根据前面得到的实验结果，CA∶W 摩尔比为 0、0.5、1.0、2.0 和 2.5 条件下薄膜的颗粒平均粒径分别为 60 nm、80 nm、110 nm、115 nm 和 125 nm，均小于 L_p。在一定尺寸范围内，较大的颗粒不仅有利于晶界的减少，从而减少复合空间，而且能够增强薄膜电极的散射性能，提高光的吸收性能。因此薄膜电极的光电性能理论上随柠檬酸添加量增加而提高。但当 CA∶W 摩尔比达到 2.5 时，过多的柠檬酸导致薄膜表面开裂，反而降低了 WO_3 薄膜电极的光电性能。

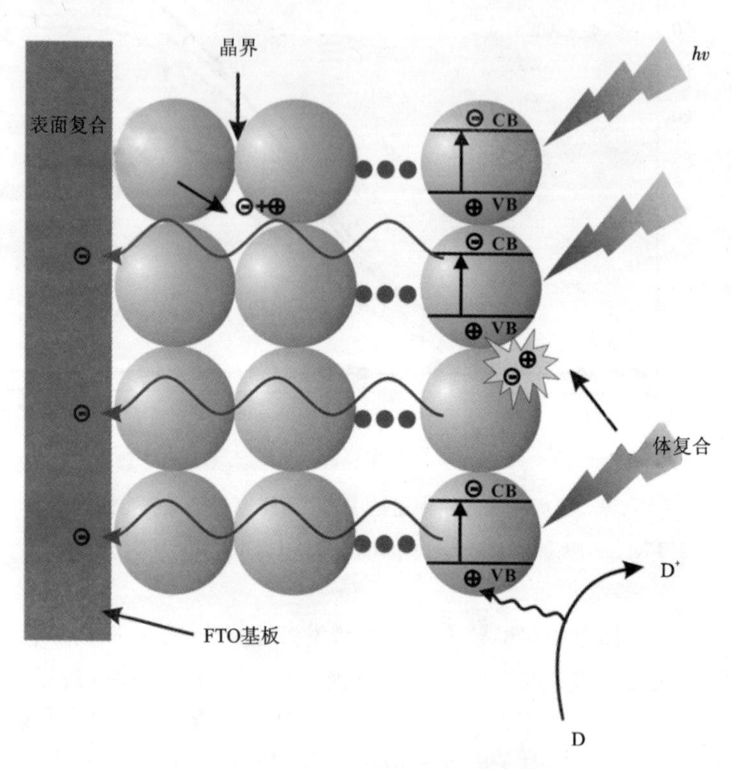

图 3-31　光电化学池光生电荷分离原理示意图

Fig. 3-31　Schematics of mechanism of charge separation in PEC system

3.3.4.6　η_{IPCE} 量子转化效率

η_{IPCE}（量子转换效率）测量用于研究不同波长光照下的光电转换效率，定义为单位时间内外电路中产生的电子数与单位时间内入射单色光之比，其数学表达式如下：

$$\eta_{IPCE} = \frac{I_{sc}}{P}\frac{1240}{\lambda}$$

式中：I_{sc} 为光电流，A；P 为照射在电极上的单色光功率，W；λ 为单色光波长，nm。图3－32为450℃热处理下 WO_3 薄膜电极在不同波长单色光照射下的光电转化效率，电解液使用0.5 mol/L 的 H_2SO_4 溶液（pH＝0），电极电位（参比电极为Ag/AgCl）为1.2 V。由图可以看到样品在340 nm 处达到最高转化效率，为35%左右。在可见光400 nm 处的量子转化效率为7.7%。此外，样品的光响应带边为450 nm，对应的光子能量为2.75 eV，与前面根据紫外－可见吸收光谱计算得到的 WO_3 的禁带宽度相一致。

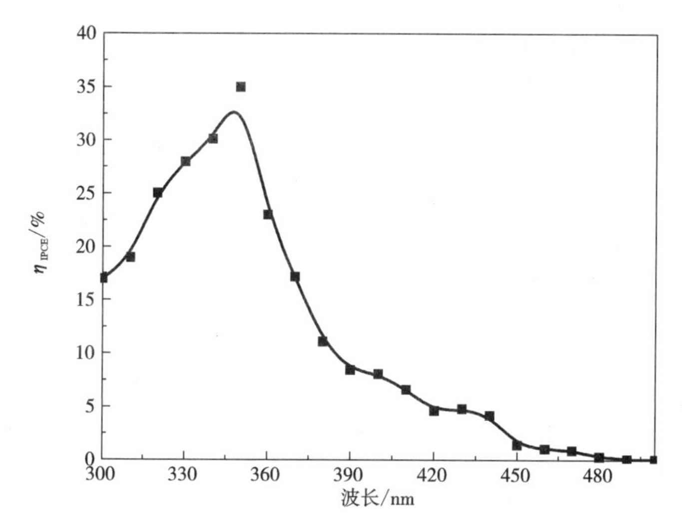

图3－32　450℃热处理下 WO_3 薄膜电极的光电转化效率谱

Fig. 3－32　Photoaction spectra（η_{IPCE} vs wavelength）of WO_3 films calcined at 450℃, recorded at 1.2 V vs. Ag/AgCl

图3－33为不同柠檬酸添加量的 WO_3 薄膜电极在不同波长单色光照射下的光电转化效率，电极电位为1.2 V（vs. Ag/AgCl）。可以看到柠檬酸添加量在CA∶W比例为0～2.0的样品 η_{IPCE} 转化效率均有所提高，对于CA∶W＝2.0的样品，在350 nm 处的最高效率比未添加柠檬酸的样品提高了14%，在可见光区域也均有明显的提升，这是由于添加了一定的柠檬酸后，薄膜表面更粗糙的结构增大了其比表面积，从而使光电效率提高。而对于CA∶W＝2.5的样品，样品热处理后结晶成大颗粒（见图3－12），比表面积相对于前面几个样品有所减小，所以光电转化效率也比较低。

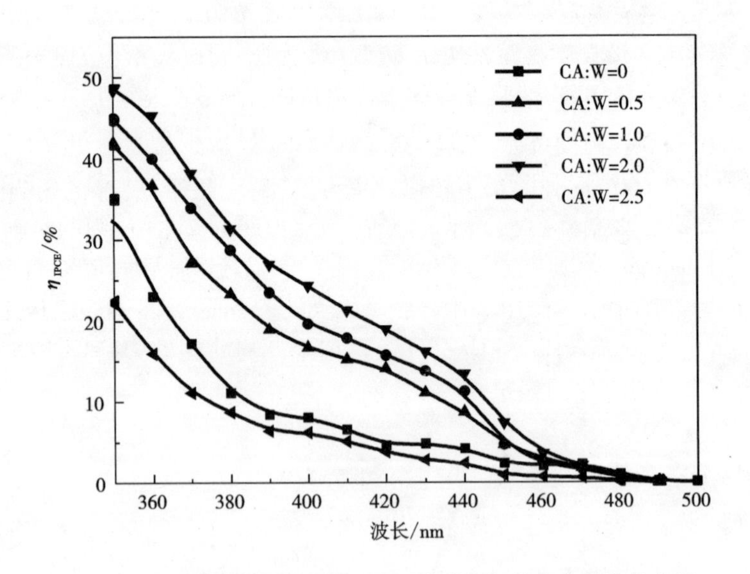

图 3-33 不同柠檬酸添加量 WO_3 薄膜电极的光电转化效率谱

Fig. 3-33 Photoaction spectra (η_{IPCE} vs wavelength) of WO_3 films, recorded at 1.2 V vs. Ag/AgCl

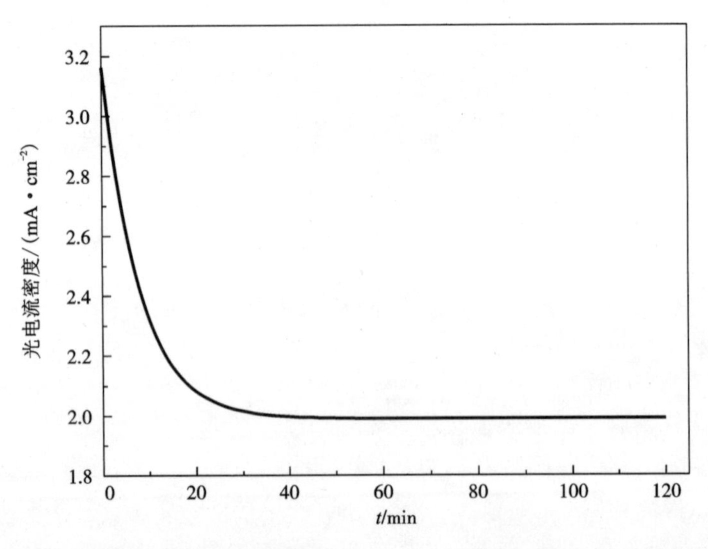

图 3-34 450℃热处理的 WO_3 薄膜电极在 0.8 V (vs. Ag/AgCl) 下的光电流-时间曲线

Fig. 3-34 Plot of the photocurrent vs. time of the WO_3 film calicned at 450℃

The photocurrent was measured in a 0.5 mol/L H_2SO_4 aqueous solution at 0.8 V vs. Ag/AgCl

3.3.4.7　电极稳定性测试

半导体光电极的化学稳定性决定着其能否实际应用于光反应体系，将450℃条件下热处理3 h的 WO_3 薄膜电极用于光电协同分解水反应。反应电解质为0.5 mol/L的 H_2SO_4 溶液，对 WO_3 薄膜电极施加电位为0.8 V(vs. Ag/AgCl)。由于光电流反映水分解反应的快慢，因而通过测定其光电流随时间的变化曲线可以考察 WO_3 薄膜电极的反应过程，具体如图3－34所示。从开始的瞬间到30 min，光电流从3.2 mA/cm^2 降到2.0 mA/cm^2，下降了39%，而后光电流持续稳定90 min。Yagi等[21]的报道在测定采用溶胶－凝胶法制备的 WO_3 薄膜电极稳定性时，发现30 min内下降了74%。相比之下，采用聚合物前驱体法制备的纳米结构的 WO_3 薄膜电极具有良好的稳定性。

3.4　小结

通过对前驱体溶胶的TG－DTA分析初步确定了薄膜热处理温度分别为350、400、450、500和550℃。在450℃烧结条件下，可以得到由尺寸为60 nm左右的纳米颗粒组成的立方相 WO_3 薄膜，厚度为2.9 μm左右，薄膜晶体生长有序性良好。经过考察热处理温度发现 WO_3 薄膜的晶体演变过程为：350℃时薄膜为非晶态，当温度400℃时，薄膜开始由非晶态转化为立方相结构的 WO_3，在400～550℃，WO_3 薄膜具有良好的稳定性，没有发生晶型改变。温度越高，WO_3 薄膜晶体生长越完整，颗粒尺寸相应也增大。

通过对制备工艺条件的考察，发现添加适量的PEG可以提高 WO_3 薄膜的孔隙率，而过量的PEG会导致薄膜出现裂纹。较低的pH有利于前驱体溶胶稳定，但薄膜颗粒尺寸相应的增大，这主要是由于钨酸根离子的不同结构所造成的。镀膜衬底影响 WO_3 薄膜的结晶行为，以石英玻璃和石墨片为衬底制得的薄膜为单斜结构 WO_3。研究对比不同衬底镀膜的 WO_3 薄膜晶体结构，发现FTO导电玻璃表面的 SnO_2 导电层是形成 WO_3 立方相结构的主要原因。不同衬底所制备的 WO_3 薄膜颗粒尺寸和晶体结构是影响光致发光性能的重要因素，石墨基底 WO_3 薄膜因较大粒径的颗粒和单斜结构而具有良好的发光性能，而FTO导电玻璃衬底的薄膜因小尺寸颗粒和扭曲的立方结构，发光性能较弱。

以偏钨酸铵和聚乙二醇为前驱体制备的纳米结构 WO_3 薄膜电极禁带宽度为2.7 eV，具有良好的光响应。热处理温度是影响 WO_3 薄膜电极的光电性能的重要因素。热处理温度过低，未去除完全的有机物添加物及 WO_3 生长结晶不完整将影响光生电子传输，温度过高 WO_3 薄膜颗粒变大，导致孔隙度降低，也不利于光电转化效率提高。此外，在一定范围内提升聚乙二醇的含量可以增加 WO_3 薄膜孔隙度，增加其表面积，进而提高光电化学反应效率。

通过采用多种光电化学测试方法研究发现，450℃热处理3 h的样品载流子浓度值为$2.44\times10^{22}\ cm^{-3}$，平带电位为0.06 V（vs. Ag/AgCl），较高电极电位能够显著提高光生载流子的传输速率，抑制表面态对光生电子的捕获，从而提高阳极光电流的大小和稳定性。在1.2 V（vs. Ag/AgCl）下光电流密度达2.7 mA/cm^2，光转化效率最高为0.81%，光电协同分解水WO_3薄膜电极具有很好的化学稳定性。

柠檬酸的羧酸根和W^{6+}配合作用大幅提高了前驱体溶胶的稳定性，前驱体溶胶最长可以放置一个月以上，有利于进行大规模的工业化生产。添加柠檬酸对WO_3的晶体结构没有明显影响，薄膜结晶度良好。采用不同柠檬酸添加量的溶胶镀膜，在450℃热处理条件下，所有薄膜样品均为由立方相结构转变的稳定单斜结构的WO_3。添加柠檬酸明显提高了WO_3薄膜的表面粗糙程度，增大薄膜表面的颗粒尺寸，有利于光吸收能力和光电转化效率的提高，从而具有更好的光电性能。当柠檬酸与偏钨酸铵摩尔比为2.0时，WO_3薄膜电极在350 nm处的最高效率比未添加柠檬酸的样品提高了14%，光电流密度也达到最高。

第4章　自组装纳米孔状 WO_3 电极制备及其光电化学性质

4.1　引言

WO_3 纳米材料具有许多优良的性质，但当其作为粉体催化剂光解反应时，存在光转化效率低、催化剂难以回收、成本高，难以实现工业化的缺点[84, 85]。近年来逐步发展起来的 WO_3 纳米薄膜[42-44, 105, 138]、纳米线[55, 92-94]、纳米孔[47, 86-88]等新材料，在一定程度上解决了上述纳米粉体材料存在的问题，但关于有序结构纳米材料制备技术较为复杂。

电化学阳极氧化法是一种能够在较大面积上构建孔径可调、形貌规整的多孔状氧化物薄膜的方法，并且工艺过程简单、价格低廉。2003 年，Mukherjee 小组[47]首次用草酸电解质制备出了多孔状 WO_3 薄膜。由于草酸是一种弱酸，其刻蚀能力有限，导致无法得到结构规则的纳米多孔结构 WO_3 薄膜。2005 年，德国的 Schmuki 小组[48]利用恒电压阳极氧化法制备了多孔状 WO_3，他们选用 NaF 作为电解液，由于氟离子的引入大大降低了材料表面的化学能，因而 WO_3 形貌的有序性有一定提高，但获得的纳米孔较浅，且形貌不规整。究其原因，主要是由于 NaF 电解液 pH 偏中性，导致其刻蚀能力依然有限。

因此本书首次采用 $NH_4F/(NH_4)_2SO_4$ 作为电解质，采取恒电压阳极氧化法在不同类型金属钨片上制备了 WO_3 纳米多孔薄膜，利用扫描电子显微镜(SEM)对纳米多孔薄膜的形貌和结构进行了表征，考察了阳极氧化电压、电解液浓度和反应时间等工艺条件对形貌的影响，探讨了自组装纳米孔状 WO_3 的形成机制，并首次研究了 WO_3 纳米多孔薄膜的结晶过程，最后以 WO_3 纳米多孔薄膜作为光电极，在可见光光源照射下的光电化学池中研究其光电化学特性。

4.2 实验部分

4.2.1 自组装纳米孔状 WO_3 电极的制备

实验中所用钨片分别购自阿法埃莎化学有限公司(钨片样品 T1)和洛阳爱科麦难熔金属有限公司(钨片样品 T2),纯度均在 99.5% 以上,厚度为 0.05 mm。

钨片的前处理方法:先将钨片切成 10 mm×15 mm 的小片,洛阳爱科麦难熔金属有限公司的钨片表面较粗糙,采用水磨砂纸逐级打磨至表面无划痕(钨片样品 T3);再分别用丙酮、异丙醇、甲醇和去离子水超声清洗 15 min,氮气吹干以备用。

电化学阳极氧化方法:采用两电极阳极氧化法,以金属钨片 T3 作为阳极(以下实验如未做特别说明,均采用 T3 钨片)10 mm×15 mm 大小的铂片作为对电极,放入电解槽中,两电极之间的距离是 25 mm,如图 1-2 所示;将电解槽置于恒温水浴槽中,调节水浴温度以控制反应温度;钨片反应面积为 0.88 cm^2。添加一定量配置好的含不同浓度 NH_4F 的 1 mol/L 的 $(NH_4)_2SO_4$ 溶液电解质;设定直流稳压电源的电压参数并开启数据采集表,即可开始阳极氧化实验。

将制备好的 WO_3 纳米多孔薄膜用去离子水冲洗,氮气吹干后在空气条件下置于马弗炉中,升温速率为 5℃/min,在设定温度下恒温一定时间。待冷却至室温后取出,最后采用环氧树脂封包装成 WO_3 纳米多孔光电极。

4.2.2 纳米孔状 WO_3 电极的表征

WO_3 纳米多孔薄膜表面形貌表征是通过场发射扫描电子显微镜完成的。采用 X-射线光电子能谱检测样品的表面化学组成及元素存在形态。采用 X-射线衍射检测 WO_3 纳米多孔膜的晶体结构。光电化学性质测试过程详见第 2 章 2.3 节。

4.3 结果与讨论

4.3.1 阳极氧化工艺条件考察

4.3.1.1 不同浓度的氟化铵(NH_4F)作为电解质制备纳米多孔 WO_3

样品的制备条件如下:NH_4F 的浓度分别为 0%、0.2%、0.5% 和 1.0%;阳极氧化电压为 50 V,氧化时间为 30 min;电解液的温度控制在 15℃。

从阳极氧化过程的时间－电流曲线(如图4－1所示)可以明显看出：阳极氧化开始的瞬间，反应电流迅速下降，大约2 min后电流值趋于平稳；含氟体系的反应电流显著高于无氟体系(0% NH_4F 电解质体系)，且随着电解质含氟浓度的提高，反应电流增大。图4－2(a～d)分别给出了在0%、0.2%、0.5%和1.0%的 NH_4F 电解质中制得阳极氧化产物的场发射电镜图片。可以看出，体系无氟时，在钨片表面形成一层致密的 WO_3 氧化层；在0.2% NH_4F 电解质条件下，形成了多孔的形貌，但分布不均匀，孔径尺寸在100 nm以上；在0.5% NH_4F 电解质制备的氧化产物，形成的孔明显变得致密，分布较均匀，孔径尺寸在70～90 nm，显著变小；当 NH_4F 电解质浓度达到1.0%，出现了明显的过度腐蚀，孔结构基本坍塌，表面覆盖了一层氧化物。

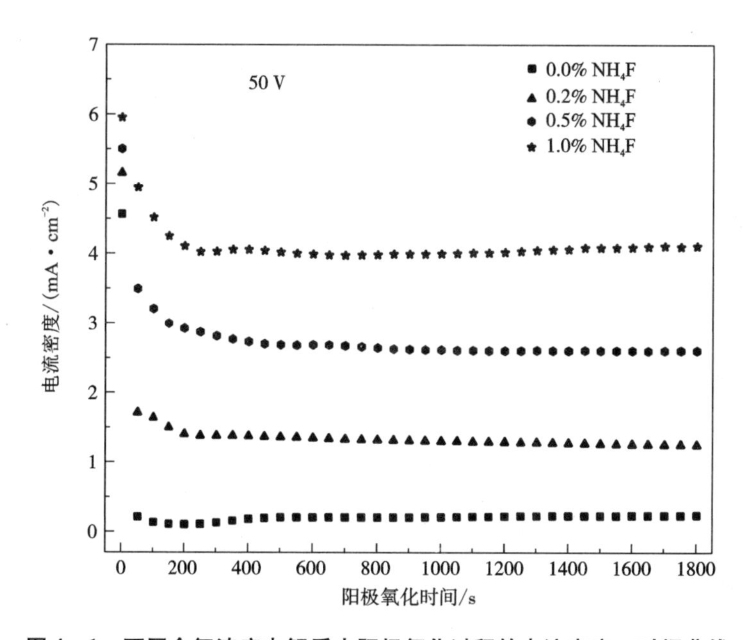

图4－1 不同含氟浓度电解质中阳极氧化过程的电流密度－时间曲线

Fig.4－1 Current transient curves recorded during the anodization at 50 V in 1 mol/L $(NH_4)_2SO_4$ with various $NH_4F/(NH_4)_2SO_4$ electrolytes

对于无氟体系的电解质，施加电压后瞬间电流密度显著下降，此时发生了场助金属氧化反应：

$$W + 3H_2O \xlongequal{} WO_3 + 6H^+ + 6e^- \qquad 反应(4-1)$$

由于氧化物的生成，体系电阻增大，电流密度随时间呈指数下降，此过程将在钨片表面反应形成一层致密的 WO_3 氧化层。

当在电解质中加入少量的 NH_4F，电流密度经历了初始阶段的剧烈下降之后

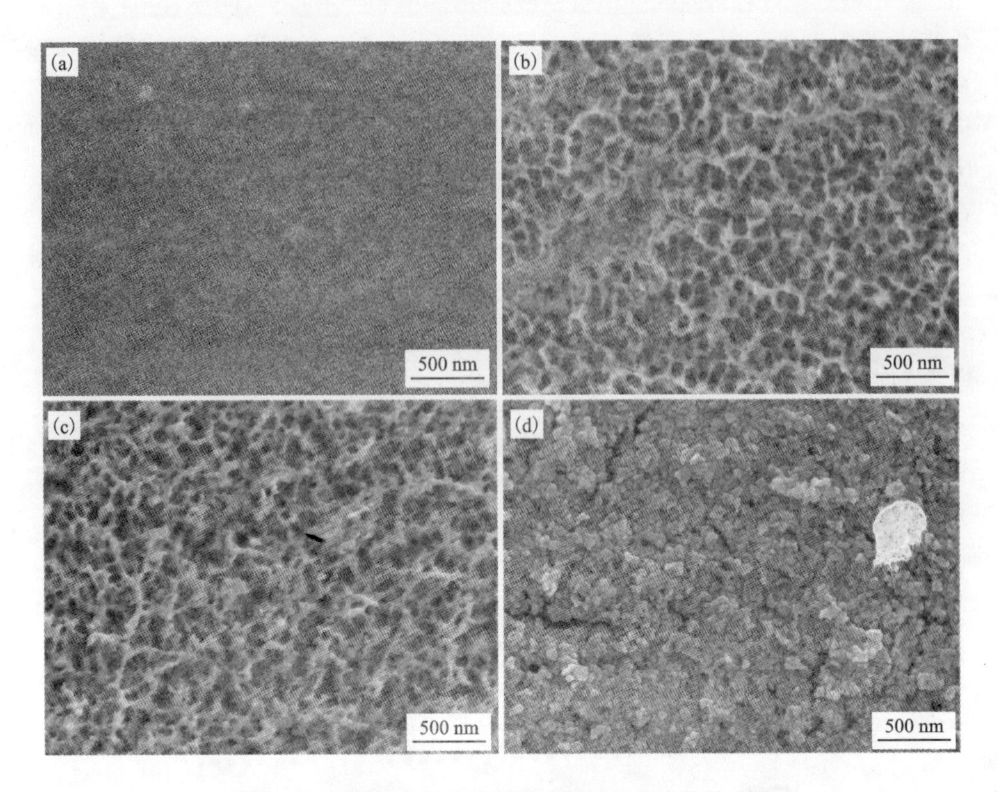

图 4 - 2　不同含氟浓度电解质中阳极氧化产物的形貌

(a)0.0%；(b)0.2%；(c)0.5%；(d)1%

Fig. 4 - 2　SEM images of nanoporous WO_3 layers formed at 50 V in 1 mol/L $(NH_4)_2SO_4$ with (a) 0.0%, (b) 0.2%, (c) 0.5%, (d) 1.0% NH_4F

重新上升，这个过程说明上述氧化层发生溶解，导致体系电阻降低。一般认为这种溶解是由于氟离子的侵蚀作用，即氧化物层与氟离子形成了可溶性配合物：

$$WO_3 + 6H^+ + nF^- = (WF_n)^{(n-6)-} + 3H_2O \qquad \text{反应(4-2)}$$

反应(4 - 1)和(4 - 2)在反应过程中相互竞争，最后电流密度形成稳定的反应电流，此时氧化物的生成和溶解反应处于动态平衡之中，纳米多孔结构 WO_3 即在此竞争过程中形成。图 4 - 2 显示随着 NH_4F 浓度的提高，阳极氧化反应的电流越大，即氟离子浓度是决定着溶解反应速度的主要因素，这说明电流主要来源于体系的溶解反应，因此氟离子浓度通过影响溶解电流而影响阳极氧化反应过程。氟离子浓度影响着体系平衡状态，而平衡状态直接决定了能否生成以及生成何种形貌的纳米多孔结构，因此电解质中的氟离子含量必须适中。

4.3.1.2　不同阳极氧化电压制备纳米多孔 WO_3

样品的制备条件如下：电解质为含0.5% NH_4F 的1 mol/L的 $(NH_4)_2SO_4$ 溶液；选择的阳极氧化电压分别为20 V、30 V、50 V和60 V，阳极氧化时间均为30 min；控制电解质温度在15℃。

图4-3为阳极氧化电压为20 V、30 V、50 V和60 V时阳极氧化的电流密度-时间曲线，图4-4(a~d)依次为所对应制得样品的FESEM图片。可以看出，施加电压大小对反应初始电流影响较大，当体系达到平衡状态后的反应电流却与电压的关系不大，这说明了阳极氧化电流主要由溶解反应贡献并且反映了氧化物形成与溶解反应的竞争，当含氟浓度相近时，其反应电流密度相近。此外，可以从电镜图片看出，阳极氧化电压20 V时形成的孔结构模糊，且分布比较稀疏；随着电压的增加，孔的轮廓逐渐清晰；50 V下制备的样品，其孔的分布相对比较密，分布较为均匀；而60 V下制备的样品，其表面堆积了一层结构较为致密的氧化物，这是氧化物的生成速率高于溶液速率所导致的。因此，采用 $NH_4F/(NH_4)_2SO_4$ 电解质条件下，合适的阳极氧化电压是50 V左右。

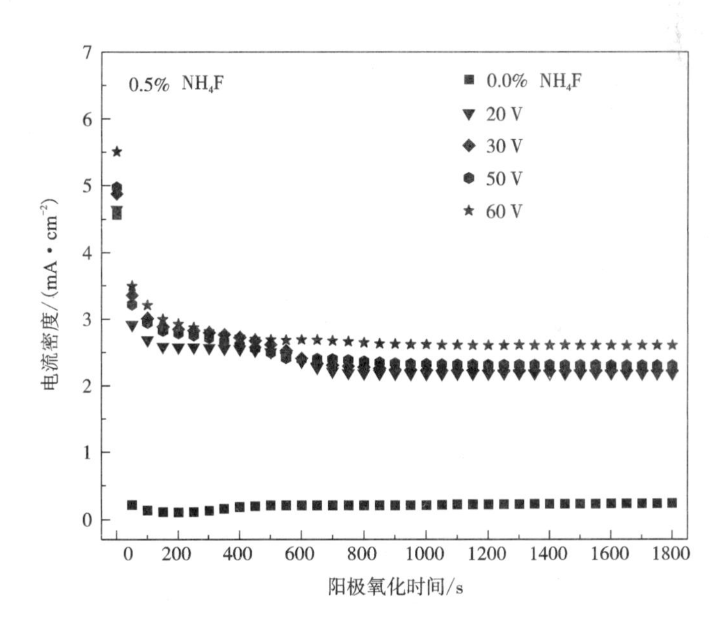

图4-3　不同电压下阳极氧化过程的电流密度-时间曲线

Fig.4-3　Current transient curves recorded during the anodization at several applied voltages in 1 mol/L $(NH_4)_2SO_4$ with 0.5% NH_4F

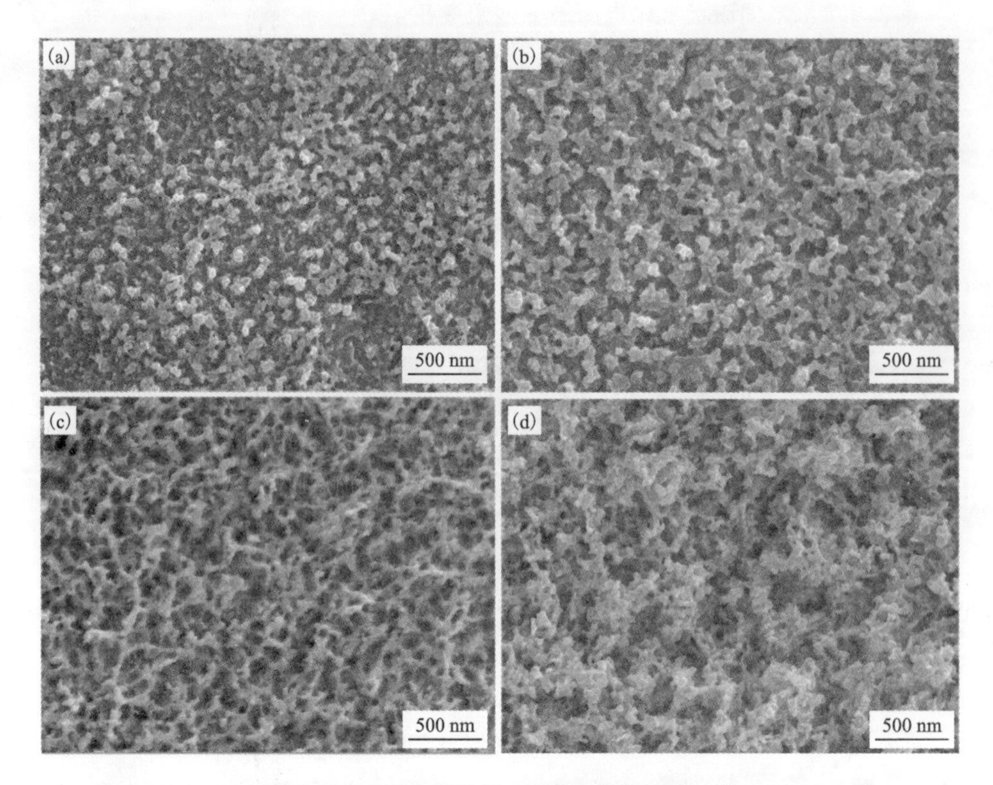

图 4－4　不同电压条件下阳极氧化产物的形貌

Fig. 4－4　SEM images of nanoporous WO_3 layers formed at (a) 20V, (b) 30 V, (c) 50 V, (d) 60V applied voltages in 1 mol/L $(NH_4)_2SO_4$ with 0.5% NH_4F

4.3.1.3　不同金属钨片制备纳米多孔 WO_3

纳米孔状 WO_3 的制备主要包括两个过程：预处理和阳极氧化。对于本实验，选用三种不同类型的钨片：①已抛光的商品化钨片(购自阿法埃莎化学有限公司，T1)；②表面粗糙的工业钨片(购自洛阳爱科麦难熔金属有限公司，T2)；③经水磨砂纸逐级打磨至表面无划痕的工业钨片(T3)。图 4－5 为三种不同类型钨片的高倍光学照片。从图中可以看出，钨片 T1[图 4－5(a)]表面光亮平整，没有划痕，而 T2[图 4－5(b)]表面粗糙，存在很多划痕，经水磨砂纸抛光后，表面已趋于平整光滑[图 4－5(c)]。

对于选用 NaF、HF 等作为电解质的阳极氧化体系，钨片在反应前的预处理工艺对制备纳米多孔 WO_3 影响很大，表面过于粗糙可能无法获得规整的纳米多孔结构。采用 T1、T2、T3 三种不同类型钨片，在含 0.5% NH_4F 的 $(NH_4)_2SO_4$ 电解

图4-5 三种不同类型的钨片光学照片

Fig. 4-5 The photograph of three types of tungsten foil. (a) Alfa Aesar W foils; (b) unpolished; (c) polished

质制备自组装纳米多孔 WO_3，阳极氧化电压为 50 V，反应时间 30 min，温度为 15℃，图 4 -6(a ~ c)依次分别为三种不同类型钨片制备的多孔状 WO_3 薄膜电镜图，而图 4 -6(d ~ f)分别为利用 T1、T2 及 T3 钨片在含 0.5% NaF 的 NaF/Na_2SO_4

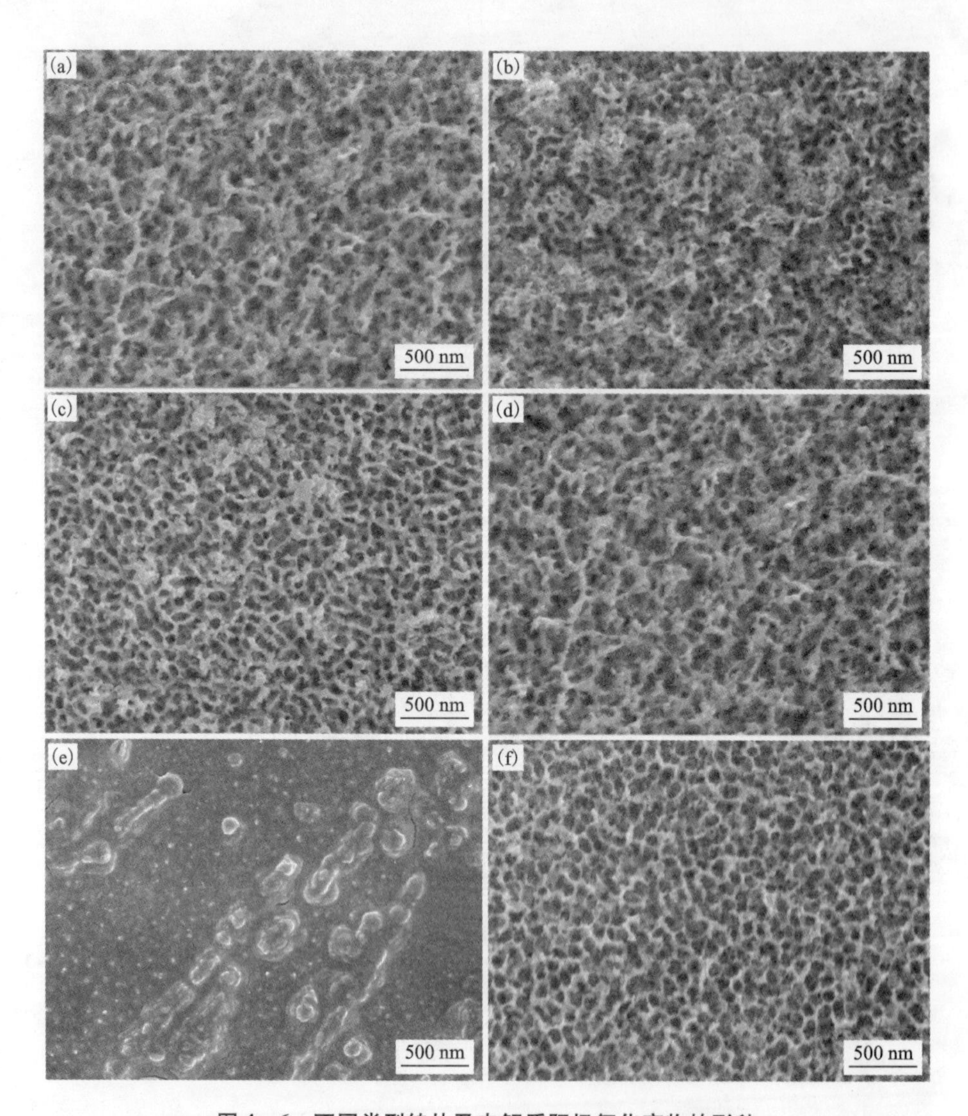

图 4 -6　不同类型钨片及电解质阳极氧化产物的形貌

Fig. 4 - 6　SEM images of nanoporous WO_3 layers formed at 50 V in 1 mol/L $(NH_4)_2SO_4$ with 0.5% NH_4F using (a) T1, (b) T2, (c) T3 tungsten foils and in 1 mol/L Na_2SO_4 with 0.5% NaF using (d) T1, (e) T2, (f) T3 tungsten foils

电解质，其他条件相同(50 V，15℃，反应时间 30 min)时制备的样品电镜图。从图可以看出，在含 0.5% NH_4F 电解质中，三种不同钨片制备的阳极氧化薄膜均呈纳米多孔结构，形貌较为规整，孔径尺寸在 70 ~ 90 nm。而相同条件下在 NaF 电解质中，T1 和 T3 钨片制得的样品也为多孔结构，形貌与前面三个样品差别不大。T3 样品的孔较浅，分布较为稀疏，而未经过打磨的钨片 T2 表面呈腐蚀状态，没有出现有序纳米多孔结构氧化层。通过两种不同电解质体系的比较，说明对于阳极氧化法制备纳米多孔 WO_3 体系，采用 $NH_4F/(NH_4)_2SO_4$ 作为电解质具有优良的适用性，不同表面结构的金属钨片均可以获得结构较为规整的纳米多孔结构。

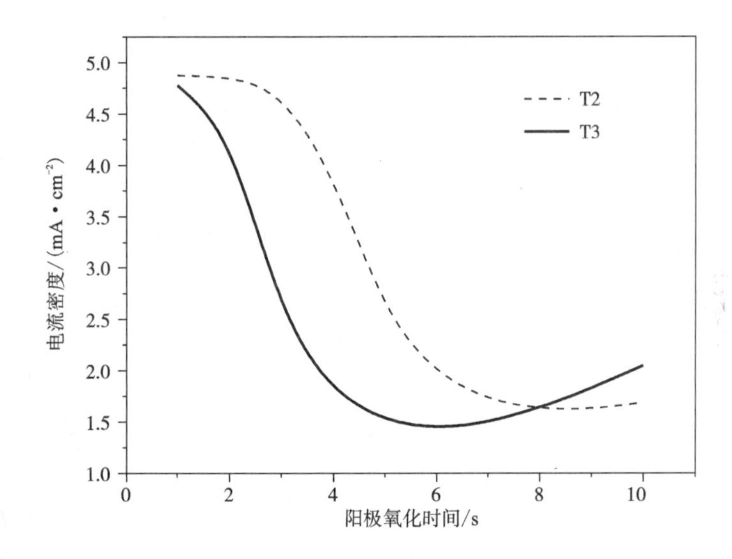

图 4－7　阳极氧化过程前 10 s 的电流密度－时间曲线

Fig. 4－7　The first 10 seconds current transient curves recorded during the anodization at 50 V in 1 mol/L $(NH_4)_2SO_4$ with 0.5% NH_4F

NH_4F 是一种具有化学抛光作用的氟化物，相比之下，NaF 水溶液偏中性，刻蚀能力有限，在阳极氧化前需对钨片表面进行抛光方可获得纳米多孔结构的氧化层。为进一步研究 NH_4F 电解质体系的阳极氧化反应过程，本实验选择了 T2 和 T3 钨片作为反应阳极，并记录反应过程前 10 s 的电流密度，结果见图 4－7。可以明显看出，阳极氧化前未经机械抛光的钨片 T2 在反应过程的 0 ~ 2 s 之内有一很明显的平台电流，而 T1 钨片(反应前已抛光)的反应电流直接下降。一般认为，电化学抛光时阳极电流密度和阳极电位满足欧姆定律，为此可以认为 T2 的平台电流即为电化学抛光的反应电流，即在阳极氧化反应前先对钨片 T2 表面进行抛光再进行阳极氧化反应，而抛光后的钨片 T3 施加电压后直接进行阳极氧化反应，或者说电化学抛光反应很不明显。

4.3.2 自组装纳米孔状 WO_3 形成机制

为了研究自组装纳米孔状 WO_3 的形成机制，设计了如下实验：将处理好的钨片作为阳极，铂片作阴极；电解质为含 0.5% NH_4F 的 1 mol/L 的 $(NH_4)_2SO_4$ 溶液；电解液的温度分别控制在 15℃，两电极间距 25 mm，对金属钨片进行阳极氧化，通过对电流 - 时间曲线的分析，探讨 NH_4F 电解质体系下纳米多孔 WO_3 的生长过程。

图 4 - 8 是 0.5% NH_4F 电解质中钨片阳极氧化（氧化电压为 50 V）过程中的电流 - 时间曲线。图中的 4 个区域分别对应于纳米多孔 WO_3 形成的不同阶段，各区域的样品扫描电镜图见图 4 - 9。

第一阶段，氧化层（纳米 WO_3 颗粒膜）的形成阶段，见图 4 - 9(a) 所示。当在金属钨电极和 Pt 电极两端施加一定的电压时，由于体系电阻很小，电流很大，此时主要反应为场致氧化反应（见反应(4 - 1)），此时在阳极钨片表面以很快的速度生成了纳米 WO_3 氧化层。氧化层厚度随着反应进行而增加，相应的反应电流也急剧下降。

第二阶段，当氧化层厚度达到一定临界值后，反应电流达到最小值，化学溶解成为主要反应，氧化层中的纳米 WO_3 颗粒被溶解掉，产生了凹坑，如图 4 - 9(b) 所示。从图可以看出凹坑密度明显增大，此外由于凹坑处氧化层厚度的减小降低了体系的电阻，反应电流又处于一个上升的阶段。当凹坑的数量达到最大时反应电流达到一个新的峰值。

第三阶段，纳米孔的形成及稳定生长阶段。凹坑的形成使原来均匀分布的电场集中在凹坑底部，这将大大增加凹坑底部金属钨片的场致氧化速率，氧化层厚度增加，反过来使电流减小，场致氧化的速率减小，直至与化学溶解（反应(4 - 2)）达到动态平衡，此时电流处于稳定状态。氧化层厚度不变，凹坑向钨基底持续稳定生长，形成纳米孔，见图 4 - 9(c)。当氧化层的生成和溶解反应达到平衡后，纳米孔处于一个稳定生长的阶段。

第四阶段，当反应进行到一定程度时，纳米孔顶部和底部的氧化物溶解速率达到平衡，纳米孔深度将不会继续增加。经过长时间反应而多孔层无法持续生长，但氧化和溶解反应还在继续发生，纳米多孔结构开始遭到破坏，因此随着反应时间进一步延长样品表面开始出现一些覆盖物，如图 4 - 9(d) 所示。

自组装纳米孔状 WO_3 的形成经历氧化层的形成、纳米微孔的形成、纳米孔的稳定生长及溶解四个阶段的反应过程，这个过程是场致氧化、场致溶解和化学溶解三种反应共同作用并达到动态平衡的结果。

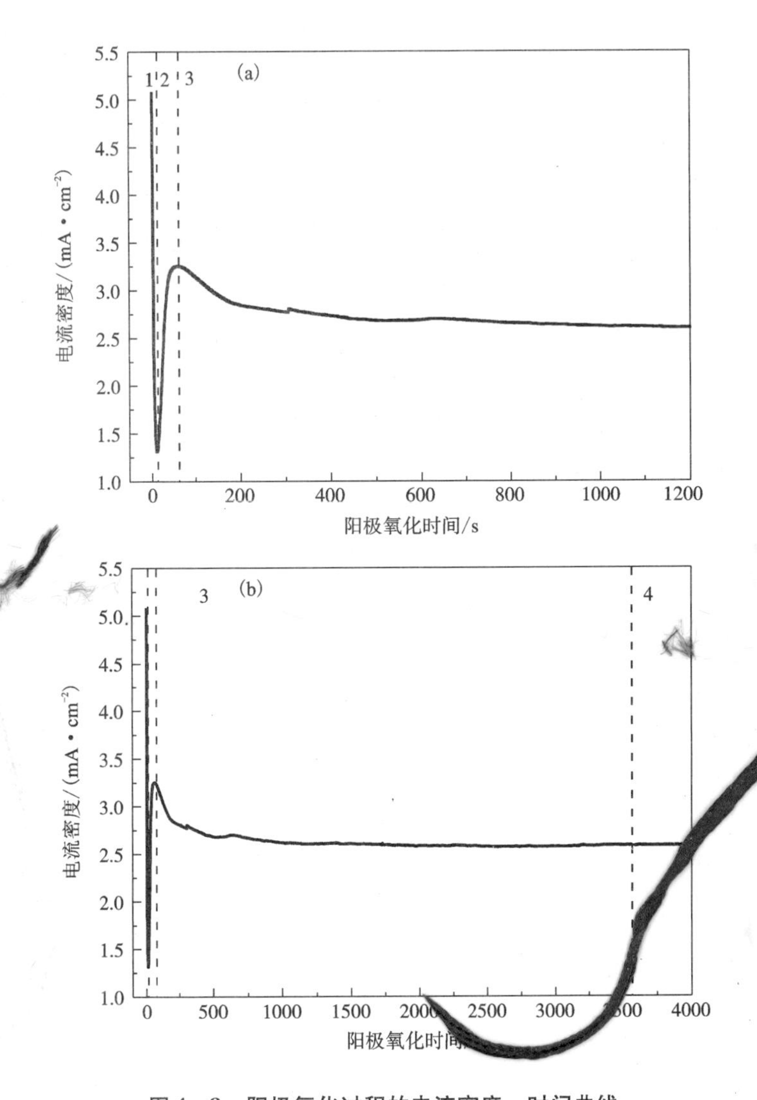

图4-8　阳极氧化过程的电流密度-时间曲线

Fig. 4-8　The current transient curves recorded during the anodization at 50 V in 1 mol/L $(NH_4)_2SO_4$ with 0.5% NH_4F

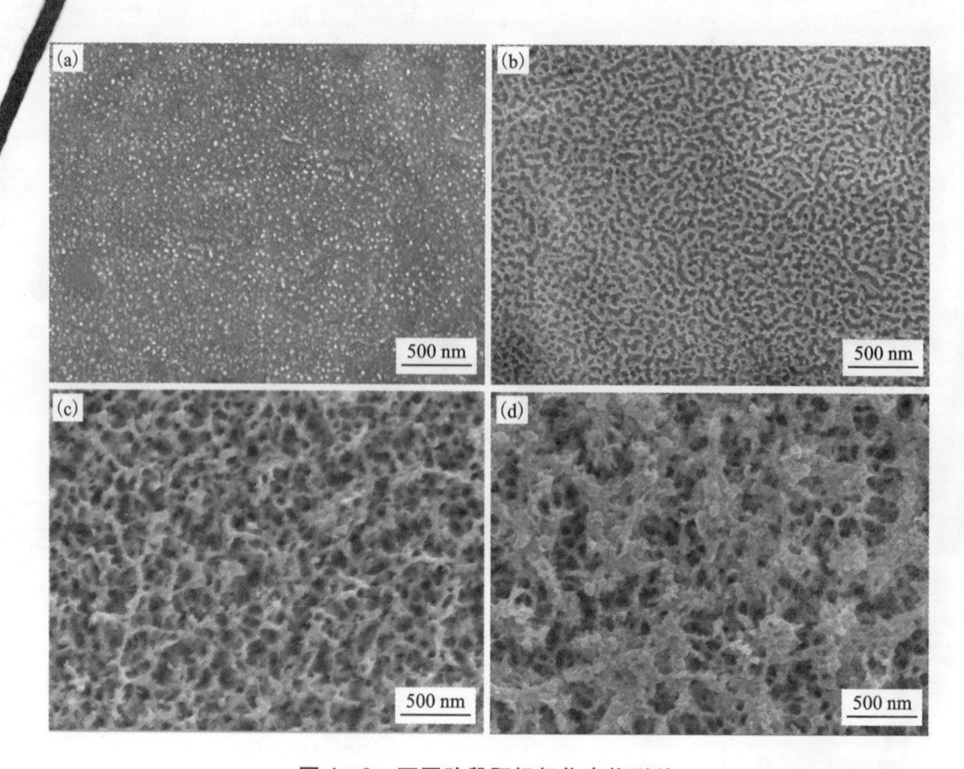

图 4-9 不同阶段阳极氧化产物形貌

Fig. 4-9 SEM images of nanoporous WO_3 films anodized at 50 V in 1 mol/L $(NH_4)_2SO_4$ with 0.5% NH_4F for different stages

4.3.3 纳米孔状 WO_3 结晶过程研究

4.3.3.1 纳米孔状 WO_3 化学组成

图 4-10(a)为纳米多孔 WO_3 薄膜的 EDS 谱，可以看氧化层表面主要包含 W 和 O 两种元素，由于基底为金属钨片，W 和 O 的原子比大于 3:1。另外，表面存在少量 Au 是由于场发射电镜测试时喷金所致。采用 XPS 测试手段对材料的成分做进一步确认。图 4-10(b)给出阳极氧化产物的 XPS 谱图，位于约 35.5 eV 与约 37.5 eV 的 W $4f_{7/2}$ 和 W $4f_{5/2}$ 峰及位于约 530.3 eV 的 O 1s 峰与文献报道相符[52]，证实了阳极氧化膜的主要成分为 WO_3。

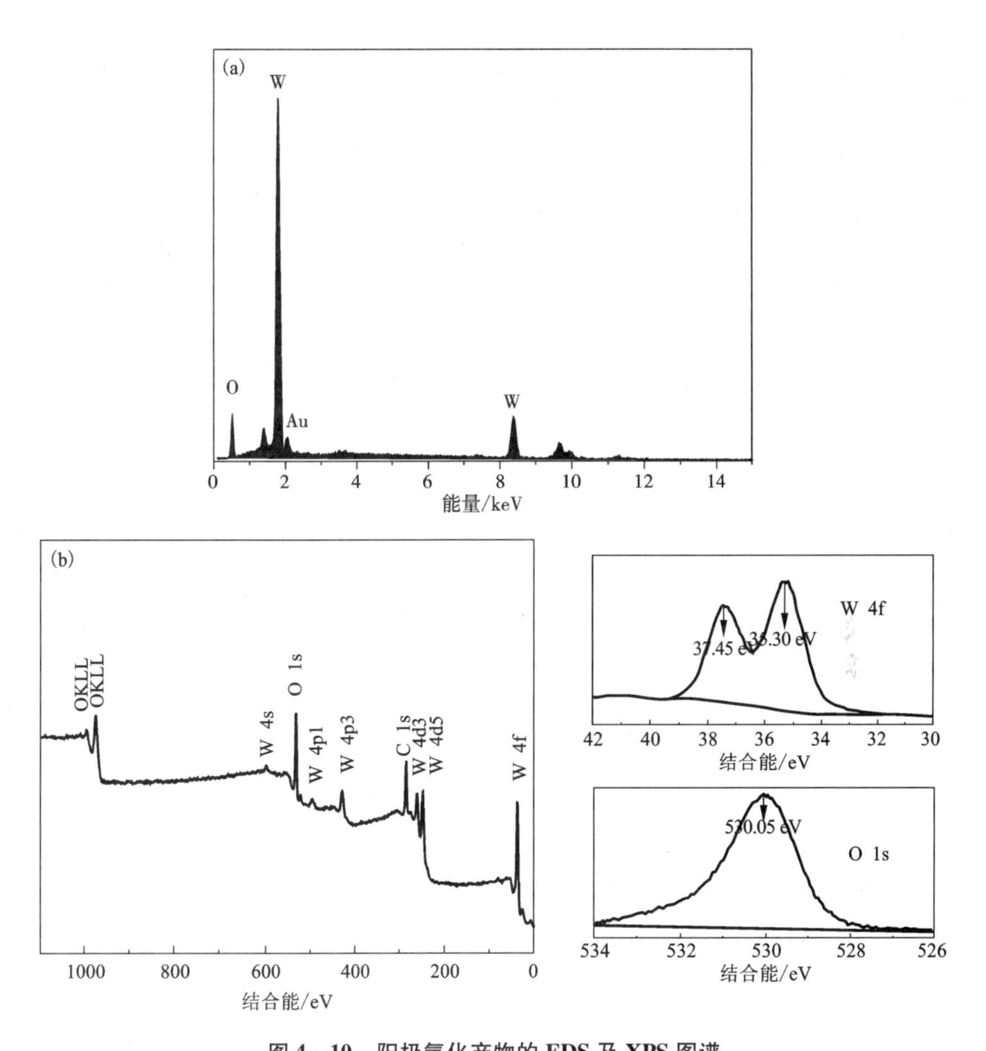

图4-10　阳极氧化产物的EDS及XPS图谱

Fig. 4-10　EDS and XPS patterns of nanoporous WO_3 layers formed at 50 V in 1 mol/L $(NH_4)_2SO_4$ with 0.5% NH_4

4.3.3.2　热处理温度对纳米孔状 WO_3 结构的影响

纳米孔状 WO_3 经过热处理后，晶体结构和形貌将发生变化，而这种变化又将影响到其光电性能。因此，阳极氧化反应后样品的热处理是一个十分重要的过程。为考察热处理温度对纳米孔状 WO_3 晶体结构及形貌的影响，分别选择了300、400、450、550和600℃等条件下对样品进行3 h热处理。图4-11为各条件下获得产物的 XRD 图谱。在进行热处理前，从 XRD 图谱只能观察到金属钨基底的衍射峰，结合前面 XPS 的分析结果，说明阳极氧化后的产物为非晶 WO_3。在热处理温度低于 300℃ 条件下，未发现 WO_3 晶体的衍射峰；随着温度的进一步上升，400℃时在 2θ 位于约 23.1°、23.5°和 24.3°的位置观察到单斜 WO_3 的衍射峰，分别对应单斜 WO_3 的(002)、(020)和(200)晶面(标准 PDF 卡片#83－0950，a = 7.3008 Å，b = 7.5389 Å，c = 7.6896 Å，β = 90.892°)，由此可以推断在 400℃时样品沿(002)、(020)和(200)择优生长。随着热处理温度的提高，XRD 衍射峰越来越尖锐，温度高于 550℃时，在 45°～50°出现新的衍射峰，说明 WO_3 结晶生长越趋于完整。值得注意的是，对于 550℃和 600℃热处理的样品，热处理温度的升高将促使纳米多孔 WO_3 沿(002)、(020)和(200)择优生长沿(020)面转变。

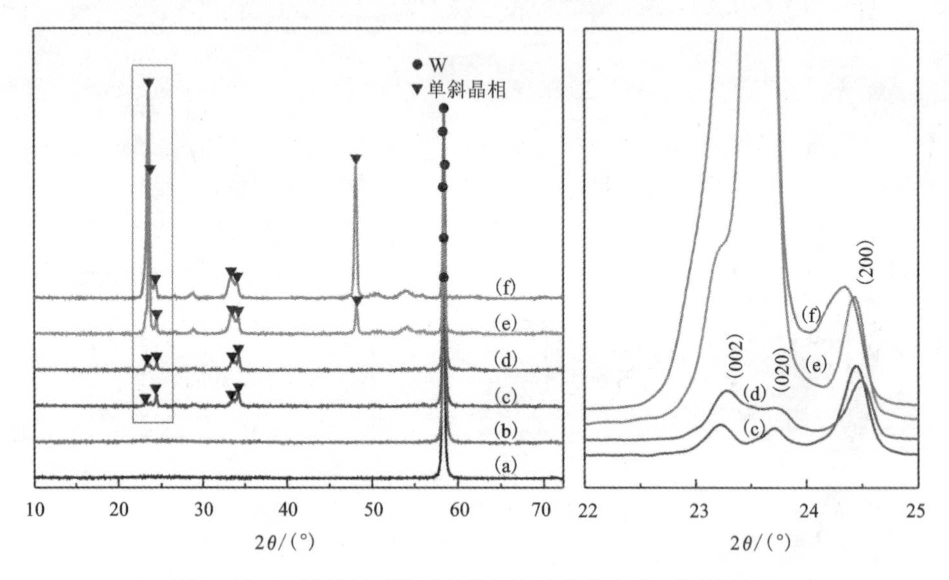

图 4－11　不同热处理温度条件下纳米多孔 WO_3 的 XRD 图

Fig. 4－11　X-ray diffraction patterns of of the (a) as-anodized WO_3 electrode and calcined at (b) 300℃, (c) 400℃, (d) 450℃, (e) 550℃, (f) 600℃

图 4－12 为不同热处理温度条件下纳米多孔 WO_3 的扫描电镜图。在 300℃，样品的形貌与热处理前区别不大，均具有较为规则的多孔结构；经 400℃退火后，纳米多孔结构轮廓更为分明，在孔表面稀疏分布有纳米颗粒的 WO_3；450℃热处理的样品与 400℃的结构相似；在 550℃时纳米孔结构出现坍塌现象，样品为纳米颗粒组成的孔隙结构，并且随着温度的升高，纳米颗粒越大，样品表面孔隙减少，变得更为致密。

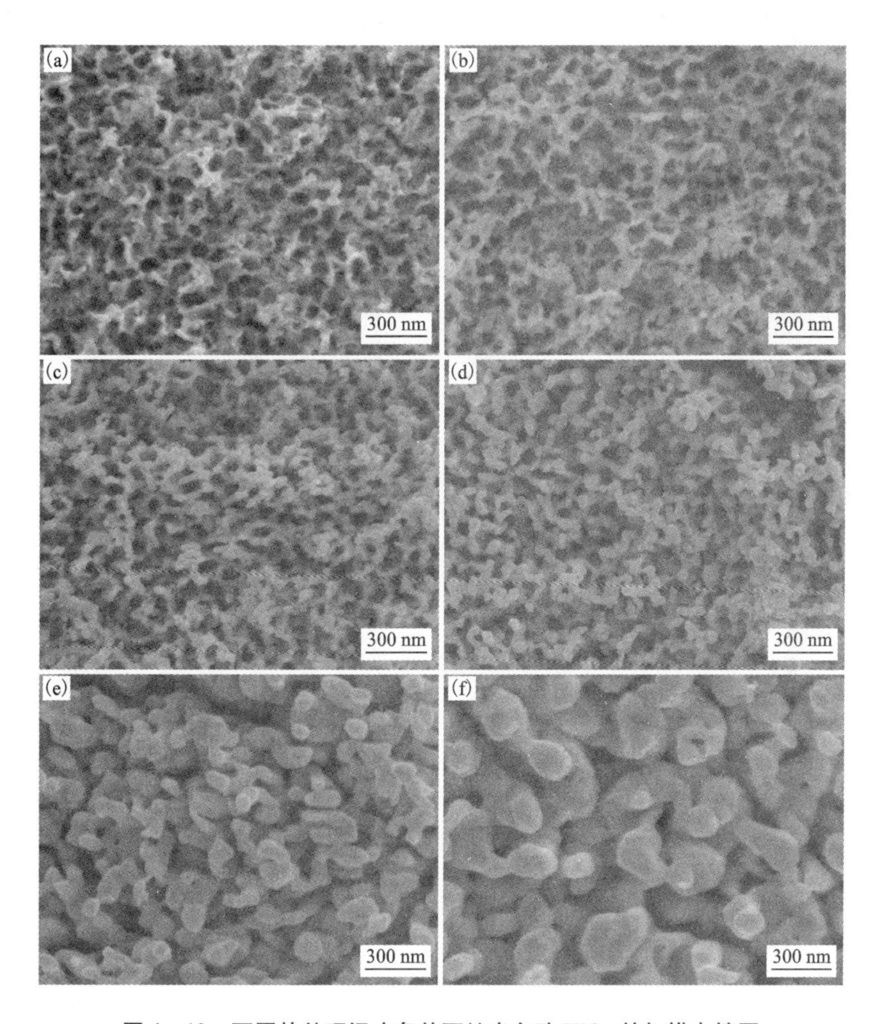

图 4 – 12　不同热处理温度条件下纳米多孔 WO_3 的扫描电镜图

Fig. 4 – 12　SEM images of the (a) as-anodized WO_3 electrode and calcined at (b) 300℃, (c) 400℃, (d) 450℃, (e) 550℃, (f) 600℃

4.3.4　自组装纳米孔状 WO_3 电极的光电化学性能

4.3.4.1　量子转化效率(η_{IPCE})

为考察纳米多孔 WO_3 电极的光电性能，测定了 0.5% NH_4F 电解质，50 V 氧化电压，反应30 min，450℃热处理3 h后电极的光电转化效率，以致密结构 WO_3 电极(制备条件除电解质不含 NH_4F，其他与前者相同)作为对照。

图4-13为纳米多孔和致密两种结构的 WO_3 电极在不同波长单色光照射下的光电量子转换效率曲线，电解液使用0.5 mol/L 的 H_2SO_4 溶液(pH=0)，电极电位(vs. Ag/AgCl)为1.2 V，由图可以看到纳米多孔的电极在340 nm的紫外区最高光电转换效率为89.5%，在可见光区400 nm处的转化效率达到22.1%，相比之下，致密结构的 WO_3 电极在340 nm和400 nm处的转化效率仅为19.2%和2.4%，远低于纳米多孔电极的转化效率。

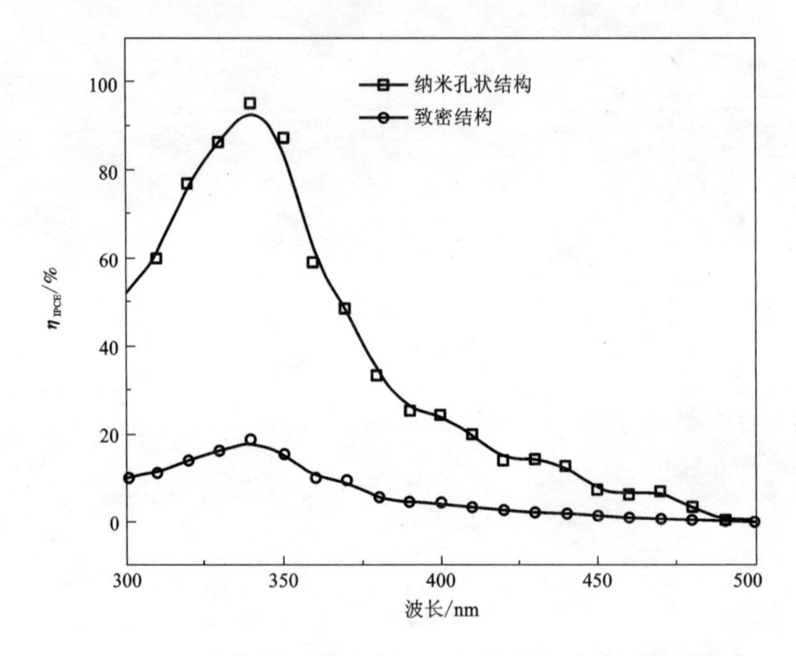

图4-13 纳米孔状及致密结构 WO_3 电极的光电转化效率谱

Fig. 4-13 Photoaction spectra (η_{IPCE} vs. wavelength) of annealed nonoporous and compact WO_3 layers, recorded in 0.5 mol/L H_2SO_4 at 1.2 V vs. Ag/AgCl

半导体在光照下有两种跃迁模式，可用公式表示为[166]：

$$(I_{sc} \times h\nu)^{n/2} = \text{Const}(h\nu - E_g)$$

式中：I_{sc} 为光电流密度；$h\nu$ 为入射光子能量；E_g 为半导体禁带宽度。对于间接跃迁模式，$n=l$；而直接跃迁模式，$n=4$。由于 WO_3 以间接跃迁为主，结合 η_{IPCE} 曲线和上述公式，将 $(I_{sc} \times h\nu)^2$ vs E_g 线性关系外推至 $(I_{sc} \times h\nu)^2=0$，即可求出半导体的间接带隙能值 E_g。图4-14为纳米孔状 WO_3 的 $(I_{sc} \times h\nu)^2$ 与能量关系的曲线。从图可以看出，$(I_{sc} \times h\nu)^2$ 与 $h\nu$ 之间具有良好的线性关系，其禁带宽度约为2.7 eV，与文献报道中的单斜晶系的 WO_3 的禁带宽度相符合。

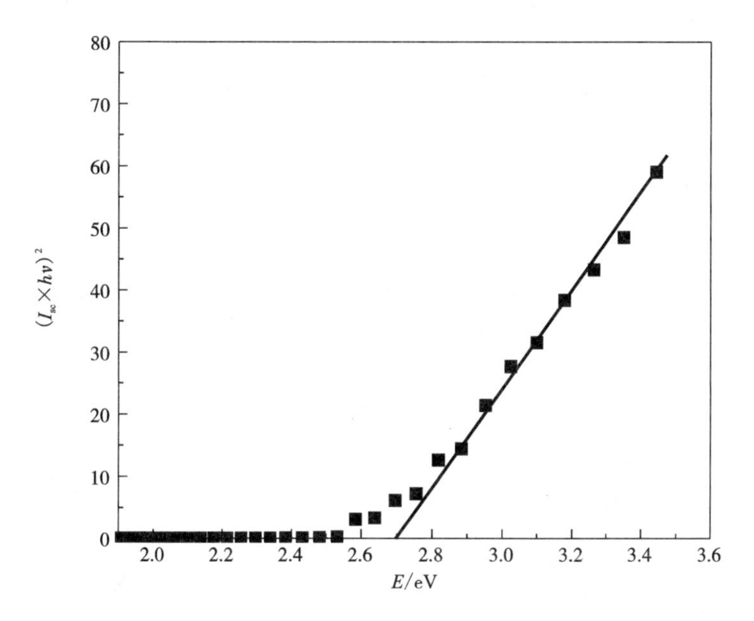

图4-14 纳米孔状 WO_3 的 $(I_{sc} \times h\nu)^2$ 与能量关系曲线图

Fig. 4-15 Relationship between $(I_{sc} \times h\nu)^2$ and Energy of nanoporous WO_3 layers

4.3.4.2 稳态光电流谱及光转化效率

半导体光阳极产生的电流密度反映了电极材料的光催化活性。两种不同结构电极的稳态光电流谱如图4-15所示。暗态条件下，在0~1.6 V(vs. Ag/AgCl)电位范围内，两个样品的电流密度都极弱，基本趋近于0，表明在没有光照的情况下，无论是纳米多孔还是致密结构的 WO_3 电极，均无法发生电子和空穴的分离而产生光电流。当光照射到光电极上时，随着施加偏压的增加，光电流密度随之升高，且纳米多孔 WO_3 电极所产生的光电流远高于致密结构电极。当电位正移至1.6 V(vs. Ag/AgCl)时，经过热处理后的 WO_3 纳米多孔电极的光电流密度达到5.85 mA/cm^2，是结晶态 WO_3 致密电极(1.20 mA/cm^2)的4.88倍。这可以归结于纳米多孔 WO_3 电极具有较大的比表面积，不仅有更强的光吸收能力，还能与电解质更充分的接触，更有利于光生电子的传输，从而具有良好的光电性能。

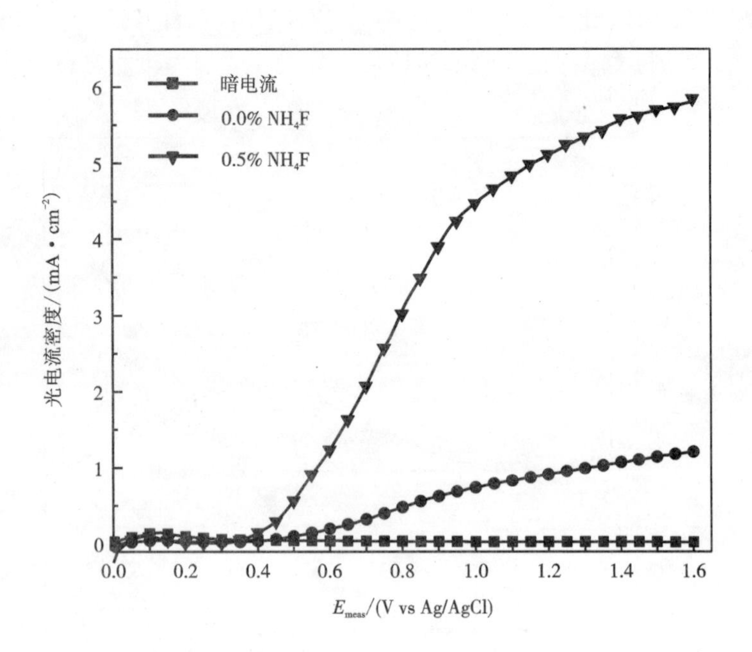

图 4-15　纳米孔状及致密结构 WO_3 电极的稳态光电流谱

Fig. 4-15　Photocurrent density of annealed nonoporous and compact WO_3 layers

光转化效率 ε，即在一定偏压下光能转化为化学能的效率，定义为：

$$\varepsilon(\%) = j_p\{(E^0_{rev} - |E_{app}|)\}/I_0 \times 100$$

其中：j_p 为实验所测得的光电流大小；E^0_{rev} 为标准可逆电极电势；I_0 为照射光强；E_{app} 为实际施加的偏压；可以定义为 $E_{app} = E_{meas} - E_{ocp}$，其中 E_{meas} 为在 j_p 的光照条件下工作电极的电极电位，E_{ocp} 为工作电极在同样电解质和光照条件下的开路电位。

稳态光电流谱相应的光转化效率随偏压的曲线如图 4-16 所示。在可见光下纳米多孔 WO_3 电极的最大光转化效率为 1.93%，为致密 WO_3 薄膜(0.35%)的 5.51 倍。在可见光条件下以 TiO_2 纳米管阵列为光电极的研究中，其最大效率为 0.6%[89]。相比之下，WO_3 纳米多孔电极光转化电效率更高，说明其具有更好的光电化学性能，这主要是由于 WO_3 在可见光区具有良好的光响应。

图 4-17 为 T1、T2 及 T3 钨片阳极氧化制备的纳米多孔电极，经 450℃退火后测得的稳态光电流谱。可以看出，所有样品的光电流大小基本一致，在 1.6 V (vs. Ag/AgCl)下，光电流密度分别为 5.85 mA/cm^2、5.81 mA/cm^2 和 5.82 mA/cm^2，说明以 NH_4F 作为电解质，钨片表面是否经过处理均能获得光电性能良好的纳米多孔 WO_3 电极。

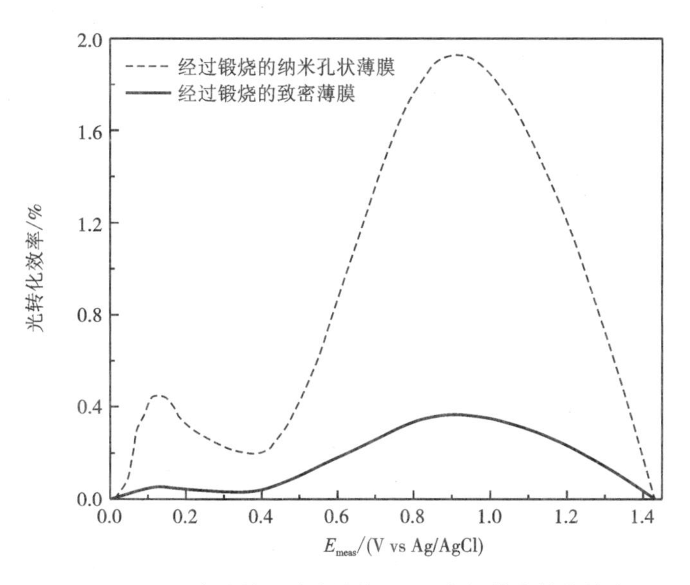

图4-16 纳米孔状及致密结构 WO_3 电极的光转化效率

Fig. 4-16 Photoconversion efficiency of annealed nonoporous and compact WO_3 layers

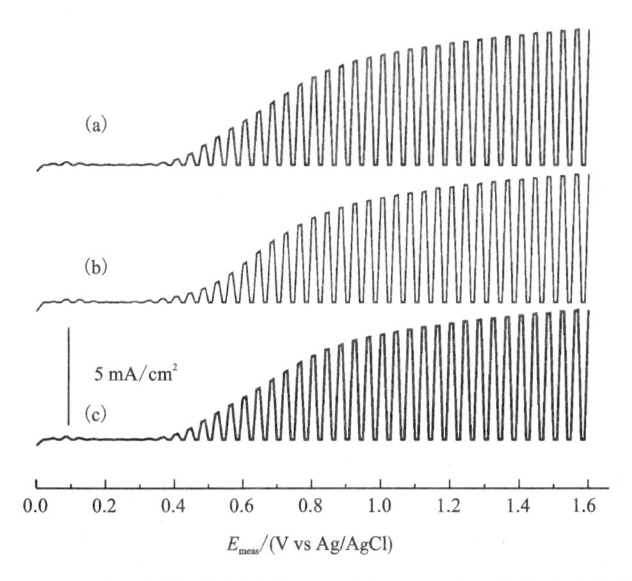

图4-17 不同类型钨片制备的纳米孔状 WO_3 电极的稳态光电流谱

Fig. 4-17 Photocurrent density of annealed nonoporous WO_3 layers prepared with (a) T1, (b) T2 and (c) T3 tunsten foils

4.3.4.3 热处理温度对纳米孔状 WO_3 电极光电性能的影响

图 4 - 18 为不同退火温度处理的纳米孔状 WO_3 电极的稳态光电流曲线。从图可以看出，随着温度的升高，纳米多孔 WO_3 电极光电流逐步增强，在 450℃达到最大，退火温度的进一步升高反而导致其光电性能下降。对于半导体光阳极，光电性能的影响因素主要有两个方面：材料的形貌与晶体结构。对于特殊纳米结构，如纳米孔、纳米管的材料，具有更高的比表面积，除了能够吸收更多的光，还能够与反应的电解质更充分的接触，形成更多的活性位点，更有利于光生电子的传输；此外，材料的晶格形成不完善将存在大量缺陷，这些缺陷在光生电子传递的过程中将成为猝灭中心，阻碍了电子的传递。热处理温度对光电流的影响是由这两个因素综合的结果。在较低的热处理温度(400℃)，WO_3 电极能够保持良好的纳米多孔结构[图 4 - 12(b)]，比表面积大，但结晶度较低，生长不完整[图 4 - 12(c)]，因此光电流密度较小；热处理温度升高(600℃)，WO_3 生长完整，结晶度高[图 4 - 12(f)]，但过高的温度使得纳米多孔结构发生坍塌，比表面积下降，也将导致光电流密度下降。因此，要获得光电性能良好的纳米多孔 WO_3 电极，需要控制合适的热处理温度，本实验的最佳温度为 450℃。

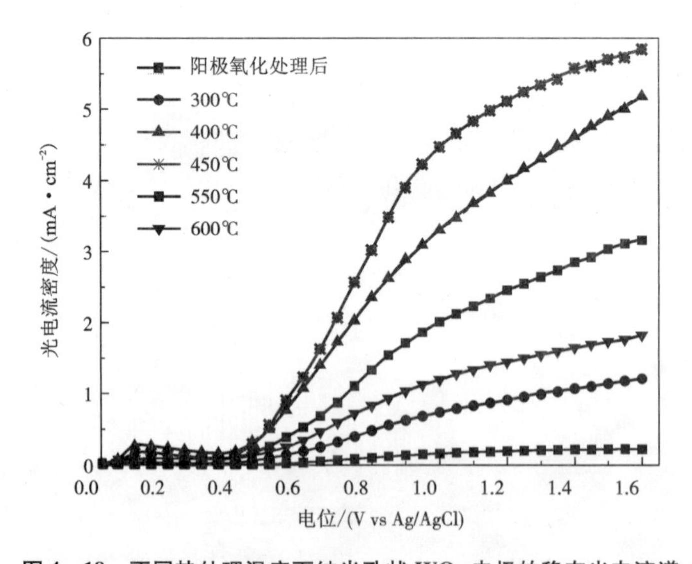

图 4 - 18 不同热处理温度下纳米孔状 WO_3 电极的稳态光电流谱

Fig. 4 - 18 Photocurrent-potential curve of the nonoporous WO_3 layers calicned at different temperature

图 4 - 19 为不同退火温度处理的纳米多孔 WO_3 电极的 η_{IPCE} 曲线。所有样品的最高光电转化效率均在 340 nm 处，分别为 89.5%、60.6%、54.3% 和 29.3%。

与稳态光电流谱相一致，450℃退火的样品效率最高。此外，从 η_{IPCE} 测试结果中可以获得电极材料的禁带宽度。从图 4－15 中可以看出各个样品均未发生光谱吸收位移，产生光电流的起始波长都为 460 nm 左右，对应 2.7 eV，即各个样品的禁带宽度都为 2.7 eV。

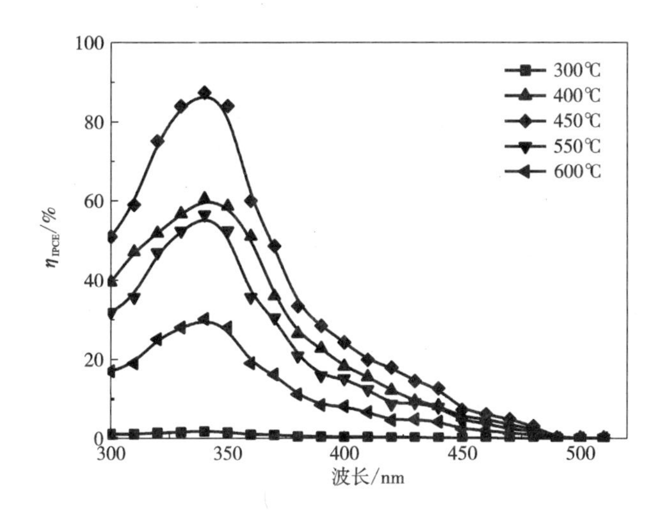

图 4－19　不同热处理温度下纳米孔状 WO_3 电极的光电转化效率谱

Fig. 4－19　Photoaction spectra（η_{IPCE} vs. wavelength）of the nonoporous WO_3 layers calicned at different temperature, recorded in 0.5 mol/L H_2SO_4 at 1.2V vs. Ag/AgCl

电化学交流阻抗谱(EIS)是一种频率域测量方法。与其他常规的电化学方法相比，EIS 谱可获得更多的动力学和电极界面结构信息，并揭示光生载流子的传输特性同半导体材料的光电性能之间的关系。为进一步探究纳米多孔 WO_3 电极的光电性能，测定了不同热处理温度在光照条件下的交流阻抗谱，如图 4－20 所示。可以看出，所有样品的 EIS 谱 Nyquist 图中的阻抗曲线只有一个半圆弧，说明在测量频率范围内，纳米多孔 WO_3 电极的光电化学反应只有一个速率控制步骤，即电荷转移过程。其中经过 300℃热处理的非晶纳米多孔 WO_3 电极的阻抗弧半径最大，随着温度升高，阻抗弧半径依次减少再增加，450℃热处理的样品阻抗弧半径最小。已有的研究表明[167]，Nyquist 图上的圆弧半径对应着电荷转移电阻和光生电子－空穴对的分离效率，圆弧半径越小，光催化反应进行得越快。图 4－20的实验结果说明，规整纳米多孔结构及良好结晶度的 WO_3 电极能够降低电荷转移电阻，提高光生电子－空穴对的分离效率，从而加速其光电化学反应。

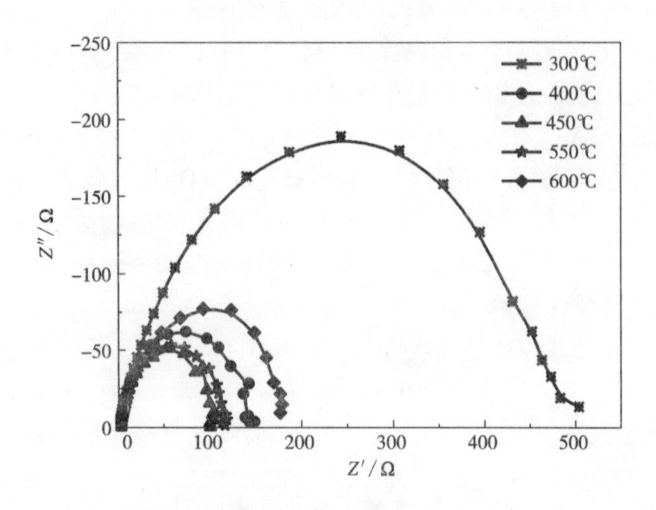

图 4-20　不同热处理温度下纳米孔状 WO_3 电极的电化学交流阻抗谱

Fig. 4-20　The impedance spectra of the nonoporous WO_3 layers calicned at different temperature

4.4　小结

利用 $NH_4F/(NH_4)_2SO_4$ 作为电解质，采取恒压阳极氧化法制备了 WO_3 纳米多孔薄膜，考察了阳极氧化电压、电解液浓度和反应时间等工艺条件对形貌结构的影响，探讨了纳米孔状 WO_3 形成机制，并进一步研究了 WO_3 纳米多孔薄膜的结晶过程及其光电化学特性，得出以下结论：

(1)以 $NH_4F/(NH_4)_2SO_4$ 作为阳极氧化的电解质，可通过调节 NH_4F 浓度及电压等参数，控制氧化物生成和溶解反应的速率以达到不同状态的反应动态平衡，从而可以得到具有不同形貌的 WO_3 纳米多孔材料。由于 NH_4F 具有的化学特性，采用此工艺制备纳米多孔 WO_3 无需对金属钨片进行表面处理，制备过程更方便简单。

(2)以 $NH_4F/(NH_4)_2SO_4$ 电解质制备自组装纳米孔状 WO_3，其形成经历氧化层的形成、纳米微孔的形成、纳米孔的稳定生长及溶解稳定生长和溶解四个阶段的反应过程，这个过程是场致氧化、场致溶解和化学溶解三种反应共同作用并达到动态平衡的结果。

(3)阳极氧化纳米多孔薄膜的组要成分为非晶 WO_3，热处理温度高于 400℃ 时转变为单斜晶相 WO_3，且具有沿(002)、(020)和(200)择优生长；随着温度的升高，结晶度增高，没有发生晶相转变；热处理温度低于450℃阳极氧化膜具有规整的多孔结构，而过高的温度将导致纳米多孔结构坍塌。

(4)纳米孔状 WO_3 电极在 340 nm 的紫外区最高光电转换效率为 89.5%，在可见光区 400 nm 处的转化效率达到 22.1%。光电流密度在 1.6 V（vs. Ag/AgCl）下达到 5.85 mA/cm^2，光转化效率为 1.93%，分别为致密结构电极的 4.88 和 5.41 倍。采用三种不同类型钨片制备的纳米孔状 WO_3 电极均具有良好的光电性能，光电流密度分别为 5.85 mA/cm^2、5.81 mA/cm^2 和 5.82 mA/cm^2。

(5)纳米孔状 WO_3 电极的形貌与晶体结构是影响其光电性能的主要因素。低热处理温度下，WO_3 电极能够保持良好的纳米多孔结构，比表面积大，但结晶度较低，生长不完整；热处理温度高有利于 WO_3 结晶生长，减少晶体缺陷，但过高的温度使得纳米多孔结构发生坍塌，比表面积下降，也将导致光电流密度下降。规整纳米多孔结构及良好结晶度的 WO_3 电极能够降低电荷转移电阻，提高光生电子－空穴对的分离效率，从而加速其光电化学反应。本实验的最佳热处理温度为 450℃。

第5章 氮掺杂自组装纳米孔状 WO_3 电极的制备及光电性能

5.1 引言

在各种可用于光催化的半导体材料中，WO_3 以其较高的光催化活性、优良的抗化学腐蚀和光腐蚀性能以及低廉的价格等优点越来越受人们的关注[16, 67, 92, 93, 95, 101]。WO_3 的禁带宽度约为2.7 eV，仅能吸收利用太阳光中波长小于450 nm的部分，只能利用太阳能中约占10%的能量。如果能够拓展 WO_3 半导体材料的光响应范围，利用太阳能作为光催化技术的能源，无论是从经济效益还是生态环境的保护角度来说都具有十分重要的意义。

掺杂是改善过渡金属氧化物可见光响应常用的方法[168-176]。大量研究表明[177-179]，稀土等金属离子掺杂可显著提高半导体材料的光催化性能，然而金属掺杂可能导致催化剂热稳定性降低且引入光生电子和空穴的复合中心从而降低其光电性能[118]。非金属掺杂，如C[119-121]、N[37, 87, 180, 181]、F[104, 129-133]和S[123-128]掺杂可提高半导体材料的热稳定性、导电性，并通过在导带和价带之间形成“中间能级”而提高材料对可见光的响应。根据已有文献报道，N掺杂可显著提高 TiO_2、ZrO_2、Ta_2O_5 等半导体材料对可见光的吸收效率。这就启示了我们可以通过N掺杂来设计和制备N掺杂纳米多孔 WO_3 电极，可望提高其光响应范围。

目前制备N掺杂 WO_3 主要有两种方法：①通过控制氮气气氛的磁控溅射法[31, 37, 80]；②NH_3 气氛条件下热处理[168, 182]。Cole等[31]采用第一种方法制备了N掺杂 WO_3 薄膜，发现其光电性能提升不明显，且磁控溅射法设备复杂，过程比较繁琐。对于第二种方法，由于 NH_3 比较活泼，在对 WO_3 进行热处理过程中极易产生 W_2N[168]，而 W_2N 的存在将降低 WO_3 的光催化活性[94]。本工作旨在探究一种新型的纳米多孔 WO_3 电极N掺杂方法，通过在 NH_3/N_2 混合气体下进行热处理制备N掺杂纳米多孔 WO_3 电极，并考察其可见光响应及光电化学性质。

5.2　实验部分

5.2.1　氮掺杂自组装纳米孔状 WO_3 电极的制备

纳米多孔 WO_3 制备具体见第 4 章 4.2.1 节。氮掺杂的方法：将制备好的自组装纳米孔状 WO_3 置于管式炉，通入 NH_3/N_2（体积比 1∶2）混合气体，以 5℃/min 的升温速率加热到一定温度，并保温一定时间，然后自然降温到室温。NH_3 和 N_2 的纯度均为 99.999%，流量为 120 mL/min。以相同条件下纯 N_2 气氛处理的样品作为对照。

5.2.2　氮掺杂纳米孔状 WO_3 电极的表征

表征方法具体见第 4 章 4.2.2 节。

5.3　结果与讨论

5.3.1　氮掺杂纳米孔状 WO_3 的组成及形貌

5.3.1.1　XRD 表征

图 5 – 1 显示了分别在经 350℃、450℃、550℃和 650℃四个不同温度下热处理 1 h 后氮掺杂纳米孔状 WO_3 的 XRD 图，并以 450℃氮气气氛热处理作比较。可以看出，350～550℃范围内热处理的氮掺杂纳米孔状 WO_3 为单斜晶型，除了衍射峰强度有所差别外，氮气气氛处理的样品也为单斜晶型的 WO_3；550℃ NH_3/N_2 热处理的样品在 37.7°和 43.8°出现了新的衍射峰，与 W_2N（JCPDS No. 25 – 1257）衍射峰相一致，显示部分 WO_3 转变为 W_2N；650℃ 时 W_2N 的衍射峰逐渐增强，而相应 WO_3 的峰明显减弱。有研究报道[87]，在高温环境下，WO_3 还原过程引入 N 原子，将使其转变为 W_2N；而 W_2N 的存在将降低 WO_3 的光催化活性，因而氮掺杂纳米孔状 WO_3 不宜在过高的温度下进行。根据 XRD 图谱，450℃为比较合适的温度。另外，450℃下氮掺杂样品的 XRD 峰与氮气热处理的相比几乎没有差别，说明 N 的引入并没有引起 WO_3 晶相和结晶度的变化。这可能是由于样品中 N 的含量较少，以致由氮掺杂引起的薄膜晶体结构的变化可以忽略不计。

5.3.1.2　XPS 表征

X 射线光电子能谱分析（XPS）是研究材料表面状态的有效手段，根据 XPS 谱图提供的位置和强度来分析样品的表面元素组成。为进一步确定氮掺杂之后的纳米孔状 WO_3 的元素组成及其氮掺杂形态，选择 450℃热处理 1 h 的样品进行了

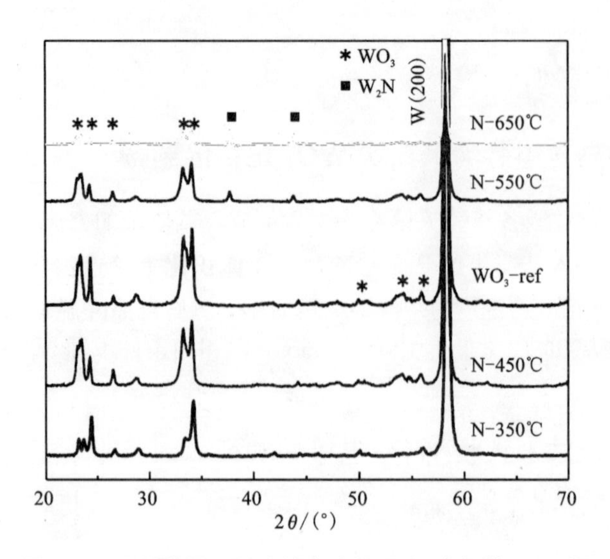

图 5-1 不同热处理温度纳米孔状 WO_3 电极的 XRD 图

Fig. 5-1 The X-ray diffraction patterns of nanoporous WO_3 electrodes annealed at different temperature

XPS 分析，结果如图 5-2 所示。图谱 5-2(a)位于约 35.5 eV 与约 37.5 eV 两个峰可归属于 W $4f_{7/2}$和 W $4f_{5/2}$，而位于约 530.3 eV 的 O 1s 为金属氧化物中的氧元素，这与文献报道的相一致[52]。对于氮掺杂的样品，可以明显的观察到 N 1s 峰，而相同条件下氮气气氛处理的样品未发现该峰。对其进行局部放大，如图 5-2(b)。掺杂样品的 N 1s 呈现的是一对从 392 eV 到 402 eV 分布的肩峰，采用 XPSPEAK 软件对拟合分峰处理后，一个中心位于 395.59 eV 的弱峰可归属为氮化物和氮氧化物的峰[176]，另一个中心位于 399.75 eV 的强峰则对应的是 N—W 键的峰[87]。由于在 450℃时 XRD 未检测出 W_2N，表明氮取代了 WO_3 的氧，这说明制备的氮掺杂纳米孔状 WO_3 主要为取代型氮掺杂，并伴有间隙型氮掺杂。通过测量 XPS 图谱中 W、O 和 N 的峰面积，计算得到 450℃热处理 1 h 氮掺杂纳米孔状 WO_3 氮的含量为 5.5%（x）。

5.3.1.3 SEM 表征

图 5-3 为氮掺杂纳米孔状 WO_3 分别在未热处理、350℃、450℃和 550℃三个不同温度下热处理 1 h 后的 SEM 图。可以看出，在 350℃和 450℃下掺氮后样品仍保持良好的纳米多孔结构，而在 550℃制得的样品，孔结构消失，表面有明显的烧结团聚现象。

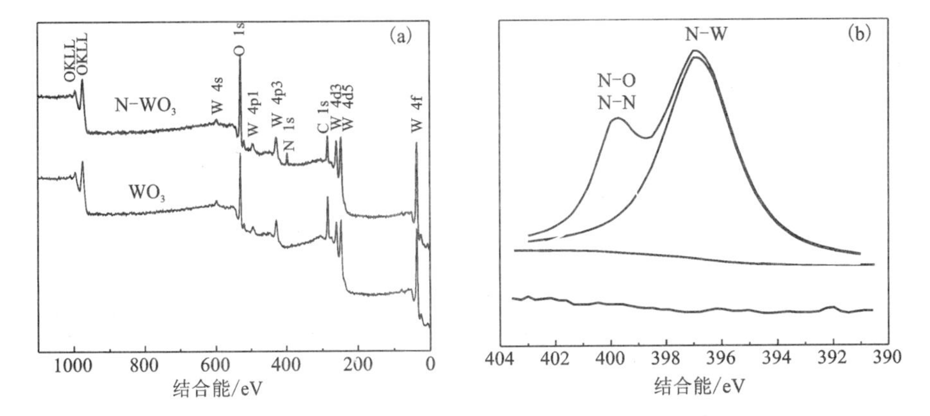

图5－2　氮掺杂及纯纳米孔状 WO_3 的 XPS 全谱图(a)及 N 1s XPS 谱图(b)

Fig. 5－2　(a) XPS spectrums of undoped and N－doped nanoporous WO_3 electrodes calcined at 450℃, and (b) XPS high-resolution spectra of N 1s peak for undoped and N-doped WO_3 electrodes

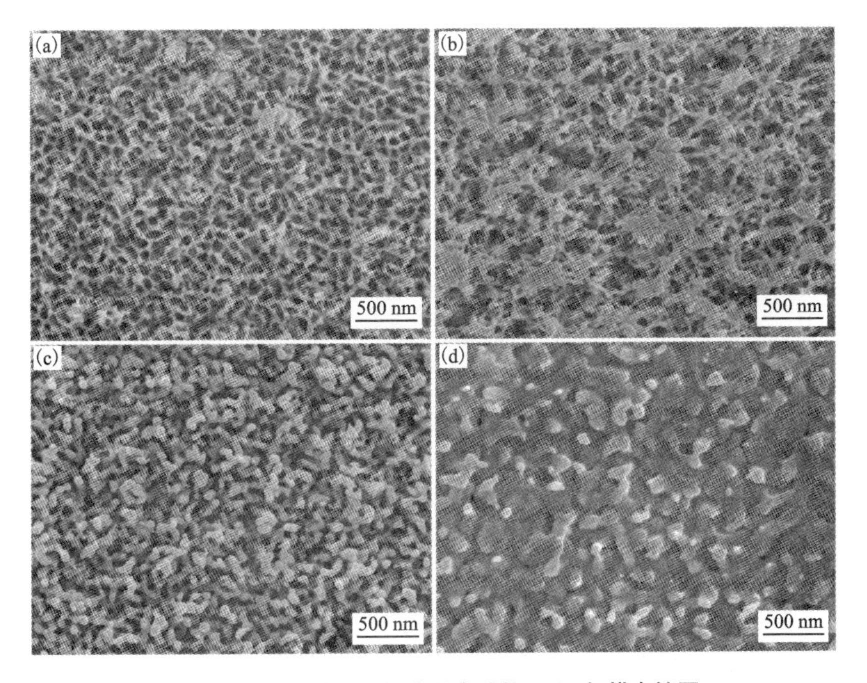

图5－3　不同热处理温度纳米孔状 WO_3 扫描电镜图

Fig. 5－3　SEM images of the (a) as-anodized WO_3 electrode and annealed in NH_3/N_2 ($V/V = 1:2$) at (b) 300℃, (c) 450℃, (d) 550℃

5.3.1.4 掺氮量的控制

控制氮掺杂量的方法：将制备好的纳米孔状 WO_3 置于管式炉中，以 5℃/min 的升温速率加热到450℃，在 NH_3/N_2 气氛下分别保温 15 min、30 min、60 min 和 120 min。图 5－4 给出了不同氮掺杂反应时间的纳米孔状 WO_3 的 N 1s XPS 深度谱图，X 射线的溅射速率为 0.2 nm/s。从图可以看出，氮掺杂时间为 5 min、10 min、30 min 和 60 min 的样品，各自表面的掺氮量分别为 1.9%、3.2%、5.5% 和 9.0%。此外，我们测定了各样品不同深度的掺氮量，如图 5－4 所示，所有样品掺氮量均随深度的增加而减小，到 30 nm 深度时趋于恒定。通过上述分析，可以调节热处理时间来实现掺氮量的控制。

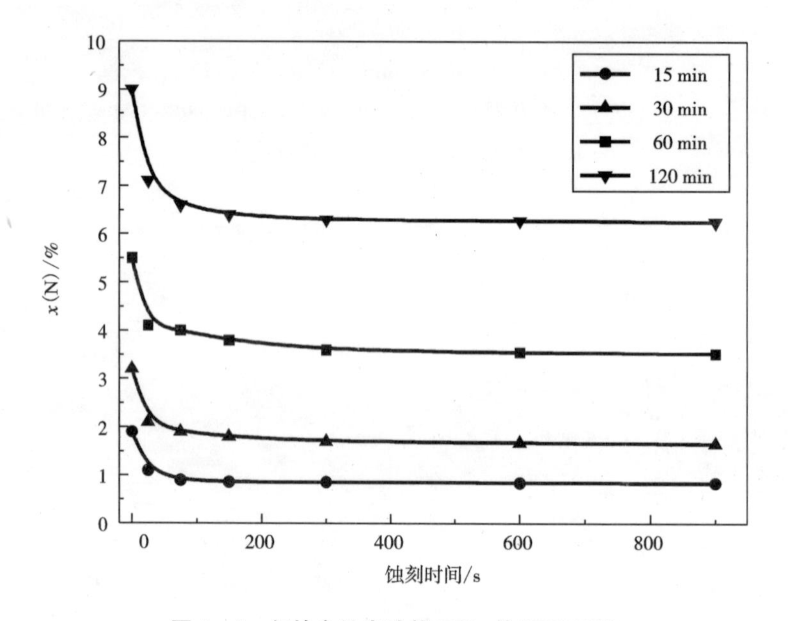

图 5－4 氮掺杂纳米孔状 WO_3 的 XPS 图谱

Fig. 5－4 XPS sputter depth profiles of N 1s for N-doped WO_3

5.3.2 氮掺杂纳米孔状 WO_3 电极的光电化学性质

5.3.2.1 量子转化效率（η_{IPCE}）

为了考察氮掺杂纳米多孔 WO_3 电极对不同波长光的光响应，对不同热处理温度的样品进行了 η_{IPCE} 效率测试，见图 5－5。可以看出，与未掺氮的样品相比，掺氮后所的样品光响应范围均发生了明显的红移。与 450℃ 的氮掺杂样品相比，

350℃的样品由于结晶生长不完全(图5-1所示)，晶体中存在的大量的缺陷阻碍了光生电子在纳米多孔电极内部传输，因此在所有光波长范围内转化效率较低；而550℃的样品虽然光响应范围扩展到550 nm以上，但由于纳米多孔结构遭到破坏，降低了光吸收率，在紫外区和大部分的可见区光电转化效率大幅下降。因此本实验的最佳热处理温度为450℃。

半导体在光照下有两种跃迁模式，可用公式表示为[166]：

$$(I_{sc} \times h\nu)^{n/2} = \mathrm{Const}(h\nu - E_g)$$

式中：I_{sc}为测得的光电流；$h\nu$为入射光光子的能量；E_g为半导体禁带宽度。由于 WO_3 以间接跃迁为主，$n=1$，结合 η_{IPCE} 曲线和上述公式，将$(I_{sc} \times h\nu)^2$ vs E_g 线性关系外推至$(I_{sc} \times h\nu)^2 = 0$，即可求出半导体的间接带隙能值 E_g。图5-6为450℃掺杂与未掺杂纳米多孔 WO_3 的$(I_{sc} \times h\nu)^2$与能量关系的曲线。从图可以看出，两个样品的$(I_{sc} \times h\nu)^2$与 $h\nu$ 之间具有良好的线性关系，可以看出它们的禁带宽度分别为2.42 eV和2.71 eV。

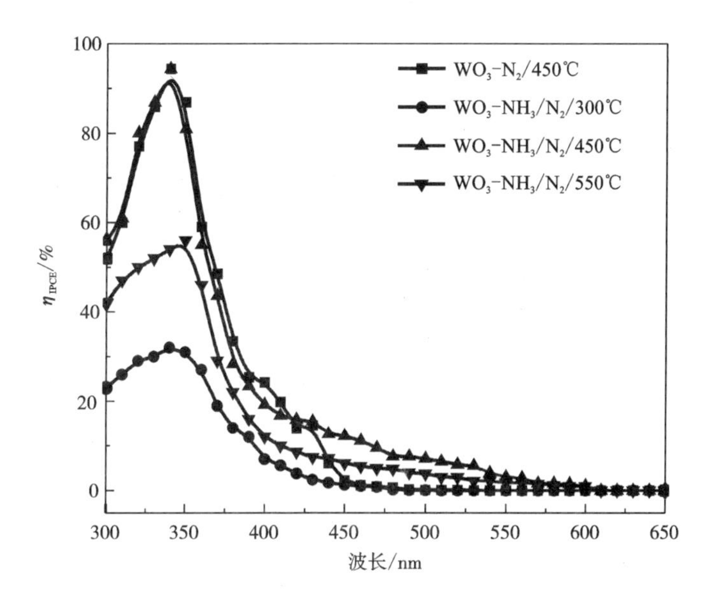

图5-5　不同反应温度的氮掺杂纳米孔状 WO_3 电极的光电转化效率谱

Fig. 5-5　Photoaction spectra (η_{IPCE} vs wavelength) of the nanoporous WO_3 photoelectrodes annealed at different temperature, recorded in 0.5 mol/L H_2SO_4 at 1.2 V vs. Ag/AgCl

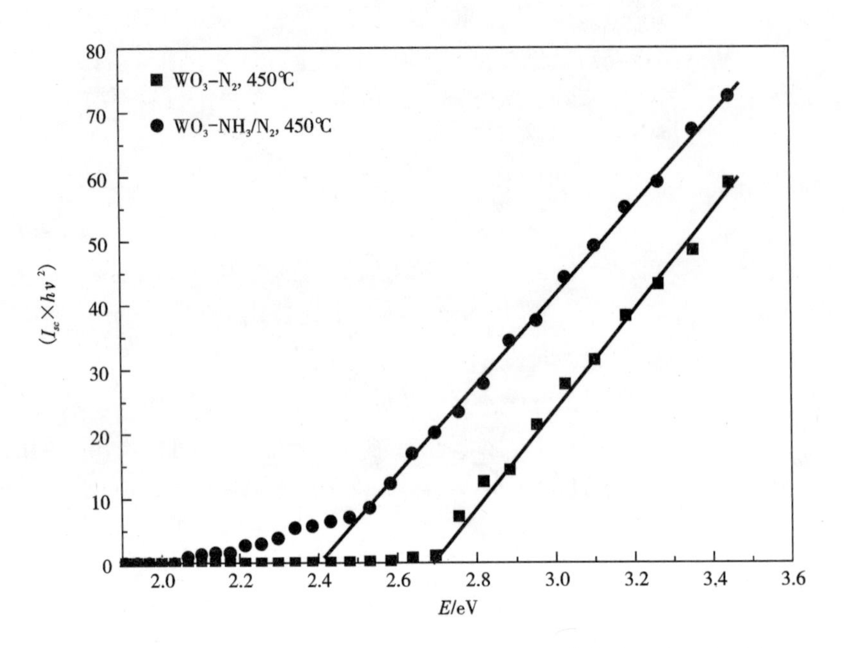

图 5-6 氮掺杂及纯纳米孔状 WO_3 的 $(I_{SC}\times h\nu)^2$ 与能量关系曲线图

Fig. 5-6 Relationship between $(I_{SC}\times h\nu)^2$ and Energy of N-doped and pure nanoporous WO_3 layers

5.3.2.2 稳态光电流谱

为了更直接反应氮掺杂对纳米多孔 WO_3 电极光电性能的影响，测定了不同掺杂温度下样品在可见光下的稳态光电流谱。如图 5-7 所示，入射光的光强为 100 mW/cm^2，电解液为 0.5 mol/L H_2SO_4。在暗态条件下，在 0 ~ 1.6 V(vs. Ag/AgCl)范围内，所有样品的电流密度都极弱，基本趋近于 0，表明在没有光照的情况下，所有 WO_3 电极均无法发生电子和空穴的分离而产生光电流。当光照射到光电极上时，随着施加偏压的增加，光电流密度随之升高。当电位为 1.2 V(vs. Ag/AgCl)时，350℃、450℃和 550℃掺杂样品的光电流密度分别为 2.46 mA/cm^2、5.89 mA/cm^2 和 3.48 mA/cm^2，这与前面 η_{IPCE} 的结果相一致。与未掺杂样品相比，相同温度氮掺杂的 WO_3 光电流密度是未掺杂 WO_3 的 1.15 倍。

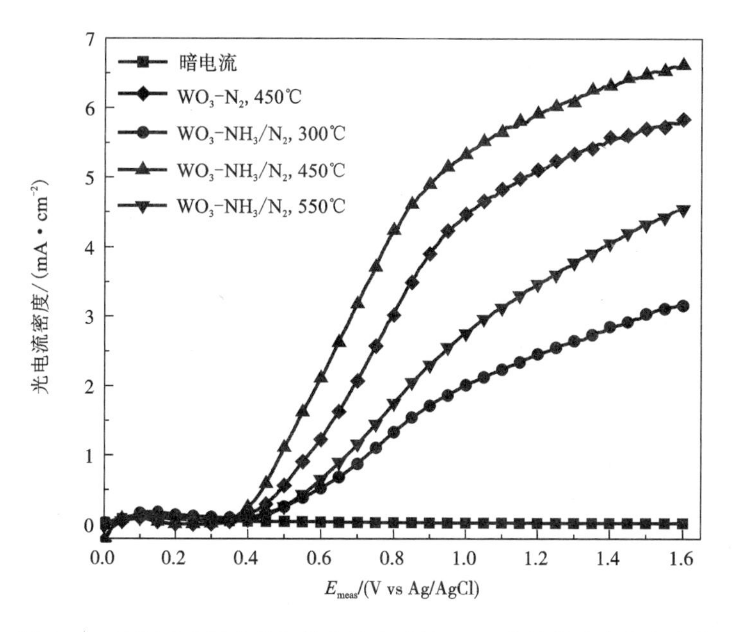

图5-7 不同反应温度的氮掺杂纳米孔状 WO_3 电极的稳态光电流谱

Fig. 5-7 Photocurrent density of the nanoporous WO_3 photoelectrodes annealed at different temperature

为进一步对不同掺氮量的纳米孔状 WO_3 电极的光电性质进行研究，测定了其在可见光照射下施加电位为1.2 V(vs. Ag/AgCl)的光电流密度，如图5-8所示。随着氮掺杂量的提高，纳米孔状 WO_3 电极的光电流密度也随着上升，并在掺杂量为5.5%的时达到最大，进一步提高氮掺杂量反而降低了 WO_3 电极的光电性能。这主要是随着纳米孔状 WO_3 电极中氮含量的增加，氮掺杂替代晶格氧产生氧空缺，氧空缺随掺杂量增大而增多。一般认为，氧空穴有利于光催化活性的提高，但氧空缺过多又会促进空穴和电子的重新复合，从而降低光电性能，因此有一最佳掺杂量。

5.3.2.3 能带结构研究

纳米孔状 WO_3 作为半导体光电极具有特殊的能带结构，而在光照下能带结构的变化正是其表现光电性能的主要原因之一，因此对氮掺杂纳米孔状 WO_3 能带结构的表征具有重要意义。

在表征半导体能带结构的主要参数中，平带电位 U_{fb} 最为重要。通常认为n-型半导体的平带电位与导带边缘能量 E_c 之间存在以下关系：

$$qU_{fb} = E_c - \mu \qquad 式(5-1)$$

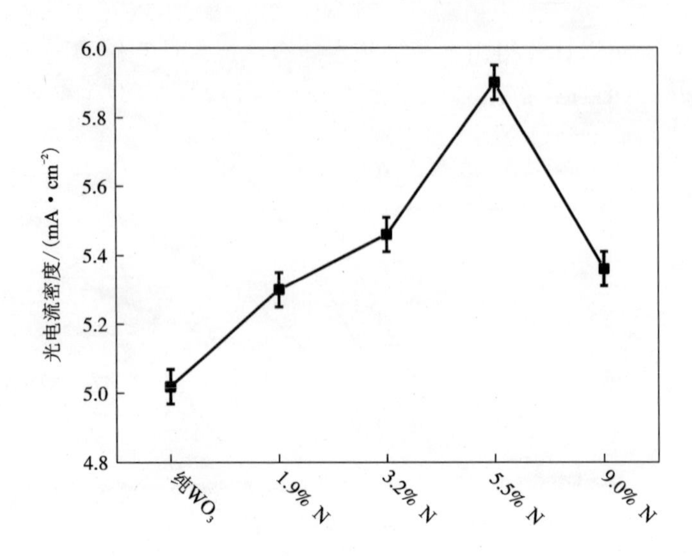

图 5-8 不同掺氮量的纳米孔状 WO_3 电极的光电流密度

Fig. 5-8 Photocurrent density of the nanoporous WO_3 photoelectrodes with different amount of nitrogen doping at 1.2 V vs. Ag/AgCl

其中: μ 为光电极导带边缘与费米能级之间的能量差, 而 n-型半导体的典型 μ 为 0.1 eV。由此计算出的不同光电极导带边缘能量 E_c, 最后根据

$$E_g = E_v - E_c \qquad \text{式(5-2)}$$

不难求出少子带边的位置。

平带电位可通过测量半导体空间电荷层电容的变化得到。在半导体/电解液体系中, 电容(C)由空间电荷层电容(C_{cs})和电解液 Helmholtz 层电容(C_H)串联而成。一般认为, 电解液的 C_H 远小于 C_{cs}, 可以忽略。因此, $C = C_{cs}$。通过改变极化电位(U)可以改变半导体电极的电荷层电容。根据 Mott-Schottky 方程, 电容 C_{cs} 和极化电位 U 的关系如下:

$$\frac{1}{C_{sc}^2} = \frac{2}{\varepsilon\varepsilon_0 q N_D}\left(U - U_{fb} - \frac{kT}{q}\right) \qquad \text{式(5-3)}$$

其中: C_{sc} 为电极的空间电荷电容; ε 为相对介电常数; ε_0 为真空介电常数; q 为电子电量; U 为外加电位; k 为波尔茨曼常数; T 为环境温度。WO_3 的相对介电常数 ε 取 50[165], 真空介电常数 ε_0 取 8.85×10^{-14} F/cm², 温度为 298 K。将测得的电容 C 表示为电极电位 U 的函数, 在 $C^{-2} - U$ 坐标作图可得到一条直线, 将直线外推与电位轴相交可得到平带电位值, 如图 5-9 所示。

从图5-9可以看出，未掺杂的和氮掺杂的纳米孔状 WO_3 的平带电位分别为0.33 V和0.20 V，氮掺杂以后纳米孔状 WO_3 的平带电位发生了明显的负移。通过公式(5-2)还可以计算得出电极的施主能级浓度。计算结果列于表5-1中。测得纳米孔状 WO_3 的平带电位后，根据公式(5-1)和(5-2)可计算出 WO_3 导带和价带的位置，如表5-1所示。

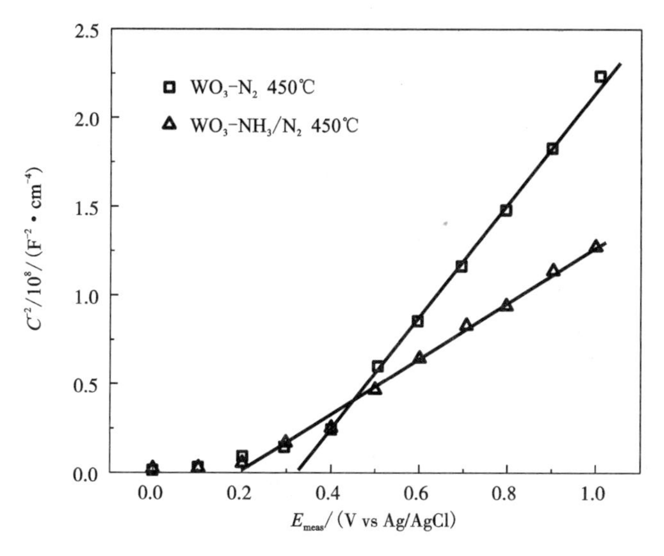

图5-9 氮掺杂及纯纳米孔状 WO_3 电极的Mott-Schottky曲线

Fig. 5-9 Mott-Schottky plots of undoped and N-doped nanoporous WO_3 photoelectrodes. The capacitance was measured at 1 kHz of a frequency and 10 mV of amplitude potential

表5-1 氮掺杂及纯纳米孔状 WO_3 电极的平带电位、施主能级浓度、价带及导带位置

Table 5-1 Flat band potential, donor carrier density, conduction and valence band potential of undoped and N-doped nanoporous WO_3 photoelectrodes

样品	E_g/eV	U_{fb}/V	E_c/V	E_v/V	N_d
未掺杂的 WO_3	2.71	0.53	0.43	3.14	2.58×10^{22}
氮掺杂的 WO_3	2.42	0.40	0.30	2.72	6.84×10^{22}

注：以上电位均相对于标准氢电极(NHE)。

为了更加清楚的看出氮掺杂之后的纳米孔状 WO_3 能级位置的变化，我们绘制出了未掺杂和氮掺杂纳米孔状 WO_3 的能级结构示意图，如图 5－10 所示。可以看出，掺氮后其导带和价带位置均向更负的电位移动。而导带的这种负移，以及禁带宽度变窄和半导体载流子浓度提高，可显著提高可见光下纳米孔状 WO_3 电极的光电流和光催化活性。此外，更负的导带电位有利于光解水制氢。

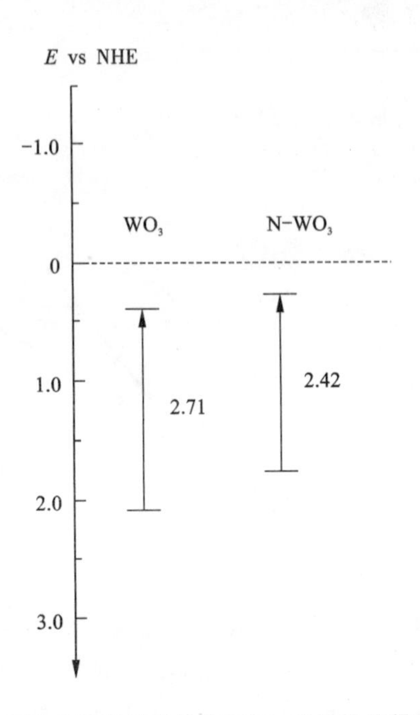

图 5－10　氮掺杂及纯纳米孔状 WO_3 电极的能带结构示意图

Fig. 5－10　Schematic diagram of energy band for undoped and N-doped nanoporous WO_3 photoelectrodes

5.4　小结

本章在 NH_3/N_2 混合气氛热处理制备了氮掺杂纳米孔状 WO_3 电极。所得的电极样品经化学组成及形态、表面形貌、晶体结构、光电化学性质测试及能带结构研究后，得出以下结论：

(1) 制备的氮掺杂纳米孔状 WO_3 主要为取代型氮掺杂，并伴有间隙型氮掺杂。在 450℃热处理 1 h 氮掺杂量为 5.5%，掺氮量随深度的增加而减小，到 30 nm 深度时趋于恒定，通过调节热处理时间可实现掺氮量的控制。此外，在掺杂制备过程热处理温度不宜过高，温度高于 550℃时 WO_3 将转变为 W_2N，且纳米多孔结构发生明显的烧结团聚现象。

(2)氮掺杂不仅使纳米孔状 WO_3 电极的导带和价带位置向更负的电位移动，而且降低了其禁带宽度并提高了载流子浓度，从而在可见光下获得了更高的光电流和光电转化效率。氮掺杂后样品的禁带宽度为2.42 eV，光响应范围扩展到550 nm 以上的可见光区域，光电流密度在 1.2 V(vs. Ag/AgCl)下达到 5.89 mA/cm^2，相比未掺杂的样品光电流密度提高了 15%。

第6章　纳米结构 WO_3 电极界面电荷转移动力学过程

6.1　引言

材料的结构、形貌对材料的性能具有十分重要的影响。因此近几年来，许多研究者都致力于合成具有特殊形貌的 WO_3 纳米材料，如：纳米晶[42-44, 105, 138]、纳米孔[49, 86, 87, 103, 104]、纳米棒[19, 95, 102]或者纳米线[92-94]等。这些特殊结构的 WO_3 纳米材料因具有良好的光电化学性能而备受关注。由于光生电荷在纳米 WO_3 电极中的传输直接决定其光电性能，所以深入研究光生电荷在纳米 WO_3 电极的传输动力学过程对提高材料的光电性能极其重要。

非稳态技术是一种研究在半导体、电解质界面光化学反应的基本动力学过程和机理的有效方法[183-192]。目前主要有两种方法：阶跃光诱导瞬态光电流法和强度调制光电流法。阶跃光诱导瞬态光电流法(Transient Photocurrent Spectroscopy, TPS)是脉冲光照射下测量光电流随时间的变化。TPS 可以给出光生电荷在一定电场下的动力学信息，如电荷的迁移率等。此外，利用光电流的扩展方法，比如不同光强下的光电流，可以给出光生电荷的复合模式等信息。而强度调制光电流法(Intensity-Modulated Photocurrent Spectroscopy, IMPS)的主要原理是：用单色光照射(直流光照)半导体电极，入射光由直流背景部分 I_0 和振幅较小的调制光强 $\delta(t)$ 两部分组成。在入射光背景光信号基础上加入强度按照正弦调制的扰动光信号对半导体进行激励，通过测定不同频率下光电流响应研究界面动力学过程。IMPS 能够提供电荷传输和背反应动力学信息，可以得到电荷传输和复合的速率常数。两种实验手段为认识和了解半导体电极载流子传输和复合过程提供了全新的视角。

因此，本书首次采用阶跃光诱导瞬态光电流法和调制光电流法研究了纳米晶和自组装纳米孔状两种不同结构的 WO_3 光电极的光电化学性质，初步揭示了两种不同结构电极的界面电荷转移动力学过程。

6.2　实验部分

6.2.1　纳米晶和自组装纳米孔状 WO_3 电极的制备

纳米晶 WO_3 电极的制备分别参照第 3 章 3.2.1 ~ 3.2.2 小节，具体参数为：前驱体溶胶 pH = 2.8，电极在 450℃ 条件下保温 3 h。自组装纳米孔状 WO_3 电极具体见第 6 章 6.2.1 节，具体参数为：阳极为 T3 钨片，施加电压 50 V，阳极氧化时间 30 min，450℃ 条件热处理 1 h。

6.2.2　纳米结构 WO_3 电极的表征

纳米结构的 WO_3 电极形貌表征是通过场发射扫描电子显微镜完成的；稳态光电流测试和 η_{IPCE} 测试具体见第 2 章 2.3.10 小节；阶跃光诱导瞬态光电流测试采用三电极电化学体系，实验装置如第 2 章图 2 - 1 所示，WO_3 电极为工作电极，Pt 电极为对电极，Ag/AgCl 电极为参比电极，电解质为 0.5 mol/L 的 H_2SO_4 溶液，光强为 100 mW/cm^2，施加电位分别为 0.4 V、0.6 V、0.9 V 和 1.2 V(vs. Ag/AgCl)，脉冲光照间隔为 30 s，采用德国 ZAHNER 公司的 Zennium 电化学工作站记录数据。IMPS 测试是在德国 ZAHNER 公司的 CIMPS 系统进行的，光源由 PP210 驱动的波长为 470 nm 的 LED 光源提供，正弦扰动光强为直流背景光强的 10%，频率范围为 3 Hz ~ 0.1 kHz。

6.3　结果与讨论

6.3.1　纳米结构 WO_3 电极表面形貌及光电性能

图 6 - 1(a)和(b)分别为纳米晶、纳米孔状 WO_3 电极扫描电镜图。纳米晶结构薄膜电极表面 WO_3 颗粒大小分布均匀，尺寸大约为 60 nm，整个薄膜的表面光滑平整，均匀性良好，厚度为 2.9 μm。纳米孔状样品则为多孔结构，孔尺寸约为 70 nm，电镜侧面图显示为 3.1 μm。

图 6 - 2 为两种不同结构的 WO_3 电极的 η_{IPCE} 曲线图。可以明显看出，无论是在紫外光区还是可见光区，纳米多孔结构的电极光电转化效率均高于纳米晶电极。其中，在最高效率 350 nm 处，分别为 84.2% 和 35.3%，在 400 nm 光照射下，纳米孔状的电极转化效率能高达 24.1%。

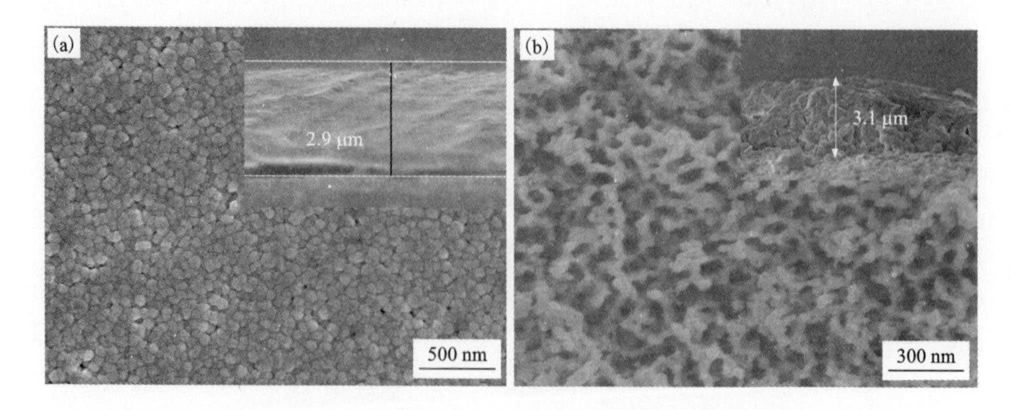

图 6－1　纳米晶和纳米孔状 WO_3 电极的扫描电镜图

Fig. 6－1　SEM images of the nanocrystalline and nanoporous WO_3 photoelectrodes

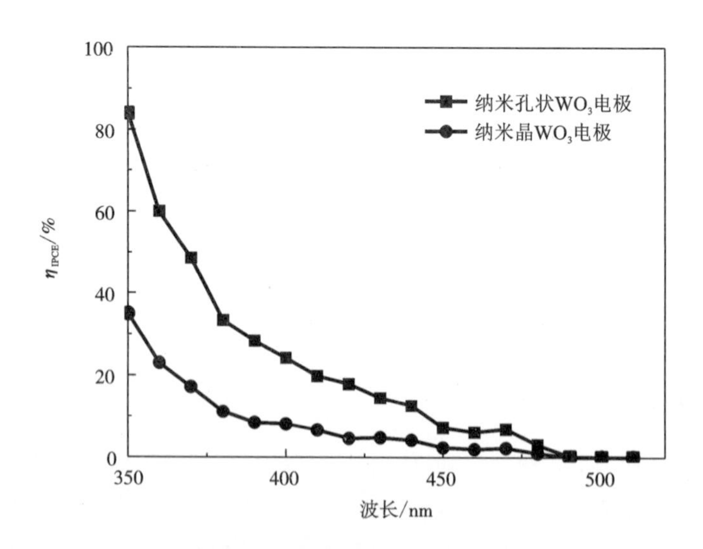

图 6－2　纳米晶和纳米孔状 WO_3 电极的光电转化效率谱

Fig. 6－2　Photoaction spectra (η_{IPCE} vs wavelength) of the nanocrystalline and nanoporous WO_3 photoelectrodes, recorded in 0.5 mol/L H_2SO_4 at 1.2 V vs. Ag/AgCl

图6-3为纳米晶及纳米孔状 WO_3 电极的稳态光电流谱。在暗态条件下，在0~1.6 V(vs. Ag/AgCl)电位范围内，两个样品基本上没有光电流产生，这说明在没有光照的条件下，无论是纳米多孔还是纳米晶结构的 WO_3 电极，均无法发生电子和空穴的分离而产生光电流。当光照射到光电极上时，随着施加偏压的增加，光电流密度随之升高。当施加电位为1.2 V(vs. Ag/AgCl)时，纳米晶和纳米孔状 WO_3 电极的光电流密度分别为2.61 mA/cm^2 和5.09 mA/cm^2。纳米孔状的电极光电化学性能显著优于纳米晶结构。

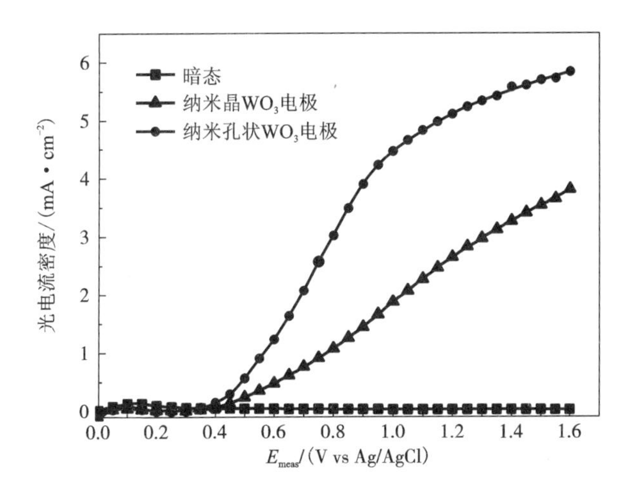

图6-3 纳米晶和纳米孔状 WO_3 电极的稳态光电流谱

Fig. 6-3 Photocurrent density of the nanocrystalline and nanoporous WO_3 photoelectrodes

6.3.2 纳米结构 WO_3 电极界面电荷转移的动力学过程

本书采用阶跃光诱导瞬态光电流法研究了纳米晶及纳米孔状 WO_3 电极/溶液界面光生电荷转移特性。图6-4分别为纳米晶及纳米孔状 WO_3 电极在0.4 V、0.6 V、0.8 V和1.2 V(vs. Ag/AgCl) 电位下在0.5 mol/L的 H_2SO_4 溶液中的瞬态光电流谱，光脉冲间隔时间为30 s。可以看出，两种电极当施加电位较低时(≤0.6 V vs. Ag/AgCl)，照射瞬间产生的阳极光电流逐渐减小，并在一定时间后趋于稳定；而当施加电位较高时(>0.6 V vs. Ag/AgCl)，照射瞬间电极中即刻产生稳定的阳极光电流。图6-4显示了光电化学反应的两个竞争过程：光生电子-空穴对的产生和复合。起始的最大光电流反映了电极/溶液界面光生电荷的分离，而光电流逐渐衰减的过程说明了电子-空穴的复合过程。在偏压驱动较小的条件下，光生电子和空穴在受光激发分离后随即开始复合，在一定时间后，二者

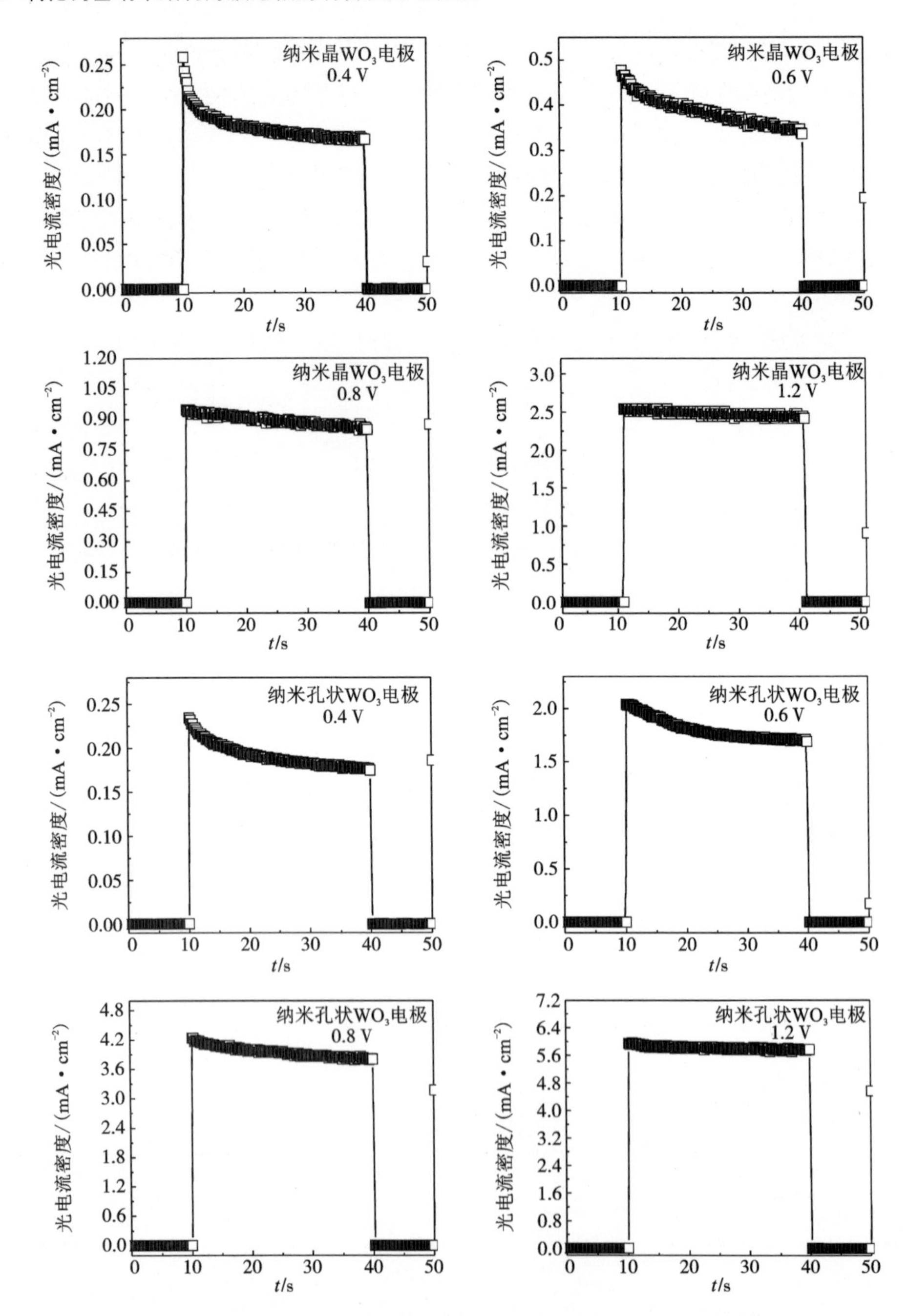

图 6-4　纳米晶和纳米孔状 WO_3 电极不同偏压下的稳态光电流谱

Fig. 6-4　Transient photocurrent spectra of the nanocrystalline and nanoporous WO_3 photoelectrodes

之间的分离和复合将达到平衡，此过程对应着光电流下降并达到一个稳定值。而在电位较高的条件下，光生电子和空穴的传输速率大大增加，在短时间内二者的分离与复合即可实现平衡，对应的过程即在较短时间内，光电极所产生的光电流达到平衡。这说明了外加偏压的提高有利于提高光生电子空穴的传输效率，进而可以得到较大和稳定的光电流。此外，从图 6－4 可以发现，纳米孔状 WO_3 电极在低位下(0.4 V 和 0.6 V vs. Ag/AgCl)光电流衰减比纳米晶结构的慢，也就是说，纳米孔状 WO_3 电极的光电流更容易达到稳定的状态。

为了进一步定量研究上述动力学行为，对光照下的瞬态光电流进行模拟，采用的动力学方程如下所示[167, 193, 194]：

$$D = \exp(-t/\tau) \qquad \text{式(6-1)}$$

$$D = (I_t - I_f)/(I_i - I_f) \qquad \text{式(6-2)}$$

其中：t 为时间；I_t 为 t 时刻的光电流密度；I_i 为起始光照的电流密度；I_f 为光照最后瞬间的电流密度；τ 为瞬态时间常数，其数值可衡量光生电子－空穴对的寿命。通过模拟计算出纳米晶及纳米孔状 WO_3 电极在 0.4 V、0.6 V、0.8 V 和 1.2 V 电位下的瞬态时间常数列于表 6－1。

从表可以发现，瞬态时间常数作为光生电子－空穴对寿命的指标参数，不仅随着外压的升高而增加，也与电极结构有关。相同电位条件下，纳米 WO_3 孔状电极的瞬态时间常数普遍比纳米晶结构的大。而瞬态时间常数越高则电子－空穴对的寿命越长，说明纳米孔状电极 WO_3 具有更好的电子传输性能从而获得更高的光电性能，这与前面 η_{IPCE} 和稳态光电流谱的结果是一致的。

表 6－1　不同结构的 WO_3 光电极在不同外加电位下的瞬态时间常数

Table 6－1　Transient time constant of the nanocrystalline and nanoporous WO_3 photoelectrodes

样品	0.4 V	0.6 V	0.8 V	1.2 V
	τ/s	τ/s	τ/s	τ/s
纳米晶 WO_3 电极	8.4	12.3	15.4	26.1
纳米孔状 WO_3 电极	12.0	15.6	22.4	32.1

阶跃光诱导瞬态光电流法反映了 WO_3 电极光电化学反应光生电子－空穴对产生和复合的两个过程。然而光电化学反应包含多个过程，因此有必要采用强度调制光电流方法进一步细化研究。

纳米结构的 WO_3 半导体电极受到光激发后将产生电子－空穴对。由于其能带弯曲很小，基本可以忽略，光生电荷主要靠扩散分离。因此，电子-空穴对或者被复合掉，或者扩散到纳米结构材料表面进行光电化学反应。图6-5描述了光生电荷在WO_3光电极的传输过程：①电子-空穴对的产生；②电子传输到基底被收集，并通过外回路到达金属阳极；③电子被陷阱俘获；④电子热激发脱离俘获至导带；⑤电子被表面态俘获后被复合；⑥空穴被表面态俘获；⑦俘获的空穴通过表面态复合。

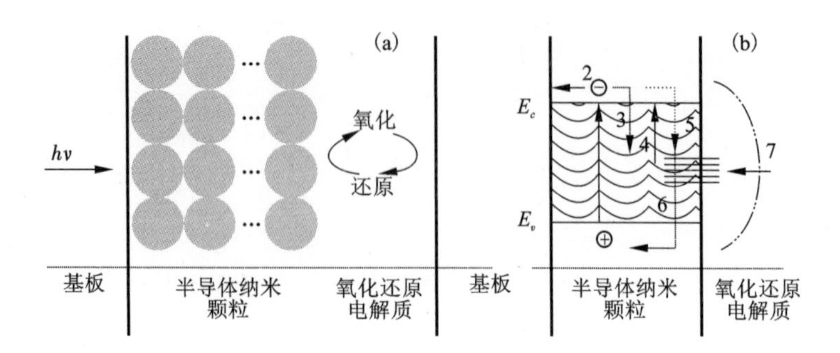

图6-5 光生电荷在WO_3电极的传输过程

Fig. **6-5** Sketch of the photogenerated charge transfer processes in WO_3 photoelectrodes

根据上述的光生电荷在WO_3电极的传输过程，我们建立了WO_3的光电化学反应模型，如图6-6所示。光生载流子经过四个主要反应过程：①光生电荷复合；②光生电子从WO_3颗粒传输到导电基底；③光生电子从导电基底回迁到纳米WO_3颗粒进行复合；④空穴被表面态俘获。假设P为单个的WO_3颗粒，P^*为受激发后包含电子-空穴对的WO_3颗粒，P^+为带有一个空穴的WO_3颗粒，P^-为带有一个电子的WO_3颗粒，O/R为电解质中的空穴俘获氧化还原对。根据上述过程和参数假设，WO_3电极界面光生电荷转移过程的反应过程罗列如下：

$$P \xrightarrow{h\nu} P^* \tag{6-1}$$

$$P \xrightarrow{k_e} P^* \tag{6-2}$$

$$P^* + R \xrightarrow{k_h} P^- + O \tag{6-3}$$

$$P^* \xrightarrow{k_r} P \tag{6-4}$$

$$P^- \xrightarrow{k_e} P + e \tag{6-5}$$

$$P^+ + R \xrightarrow{k_h} P + O \tag{6-6}$$

$$P^+ + e \xrightarrow{k_b} P \tag{6-7}$$

k_e，k_h，k_r 及 k_b 分别为光生电子转移、光生空穴转移、光生电子－空穴复合及光生电子回迁过程的一级动力学常数。假设现在有一束正弦调制光照射到 WO_3 光电极上，光强为 $I_{dc}+I_{ac}e^{i\omega t}$，对方程(6－1)－(6－7)进行时间微分，得到如下方程：

$$\frac{d[P^*]}{dt}=\alpha(I_{dc}+I_{ac}e^{i\omega t})-k_r[P^*]-k_e[P^*]-k_h[P^*] \tag{6-8}$$

$$\frac{d[P^+]}{dt}=k_e[P^*]-k_h[P^+]-k_b[P^+] \tag{6-9}$$

$$\frac{d[P^-]}{dt}=k_h[P^*]-k_e[P^-] \tag{6-10}$$

其中：α 为 WO_3 电极的光吸收系数。对方程(6－8)－(6－10)进行求解，得到如下函数关系式：

$$j(\omega)=\alpha eI_{ac}k_e\left[\frac{k_r(k_e+k_r+k_h)}{(k_r+k_h)(k_r+k_e-k_b)}\left(\frac{1}{k_e+k_r+k_h+i\omega}\right)+\frac{k_h}{k_r+k_h}\left(\frac{1}{k_e+i\omega}\right)-\frac{k_b}{k_e+k_r-k_b}\left(\frac{1}{k_b+k_h+i\omega}\right)\right]\left[\frac{1}{1+i\omega RC}\right] \tag{6-11}$$

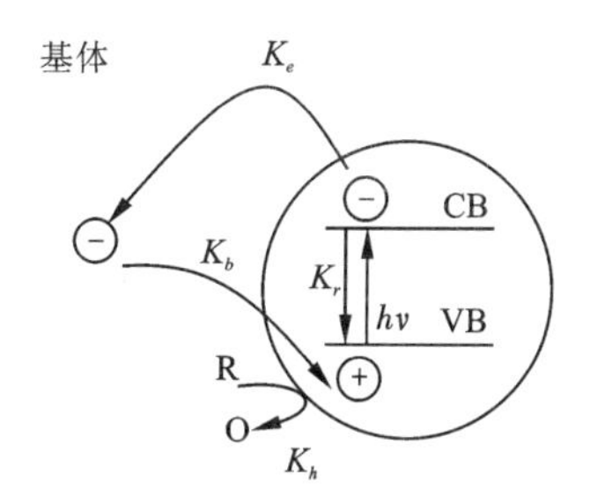

图 6－6　WO_3 电极的光电化学反应模型

Fig. 6－6　Photoelectrochemical reaction model of WO_3 photoelectrodes

两种不同结构的 WO_3 电极的强度调制光电流谱如图 6－7 所示。所有样品的 IMPS 的复平面图为一个半圆，主要位于第四象限，纳米孔状电极在低频范围的阳极氧化电流明显高于纳米晶。电子在薄膜中的传输时间可以由 IMPS 曲线的虚部最低点对应的频率得到，$\tau(\mathrm{IMPS})=1/(2\pi f_{\mathrm{IMPS}})$[195]。此外，由于式(6－11)过于复杂，有必要对其进行简化。一般认为，对于纳米结构的氧化物半导体，$k_r \gg k_e$。而 IMPS 的第四象限半圆特征表明电子以扩散为主，因此可以认为 $k_e>k_b$，$k_e>k_h$。因此式(6－11)可简化为：

$$j(\omega)=\alpha eI_{ac}\left(\frac{k_e}{k_r}\right)\left(\frac{k_r}{k_r+i\omega}\right)-\left(\frac{k_b}{(k_b+k_h)+i\omega}\right]\left[\frac{1}{1+i\omega RC}\right] \tag{6-12}$$

根据方程(6-12)对图6-7的数据进行拟合，可以确定动力学参数k_r、k_h、k_b及αeIk_e。经拟合计算后，相应的各个动力学参数列于表6-2。可以看出，纳米晶WO_3电极光生电子-空穴复合过程的一级动力学常数与纳米孔状电极基本相同，而空穴及电子转移的一级动力学常数纳米孔电极高于纳米晶电极一个数量级，电子传输时间也明显比纳米晶短。

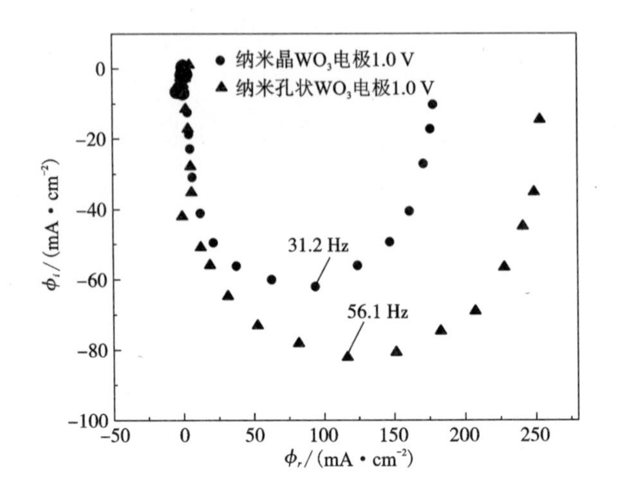

图6-7　两种不同结构的WO_3电极的强度调制光电流谱

Fig. 6-7　Complex plane plot of the IMPS response of the nanocrystalline and nanoporous WO_3 photoelectrodes

表6-2　不同结构WO_3光电极光生电荷转移动力学常数

Table 6-2　The kinetic constant of photogenerated charge transfer processes

样品	k_r /(r·s^{-1})	k_h /(r·s^{-1})	k_b /(r·s^{-1})	αeIk_e /(r·s^{-1})	τ(IMPS) /ms
纳米晶WO_3电极	3.51×10^3	18	3	4.2×10^{-3}	5.1
纳米孔状WO_3电极	3.46×10^3	102	8	2.3×10^{-2}	2.8

本书建立的模型中光生电子-空穴的复合过程为受激发的光生电子从导带跃迁价带的复合，这个过程一般只与外加电位有直接关系。由于两种电极均在同一电位下测量，其一级动力学常数也应一致。而空穴转移主要与电解质中空穴俘获氧化还原对有关，这涉及电极/电解质的界面接触反应。由于纳米孔状WO_3电极具有比纳米晶结构电极更大的比表面积，能更充分与电解质接触形成更多的反应

活性位点，因而空穴转移的动力学常数远高于后者。对于一级动力学常数 k_e，纳米孔状 WO_3 电极的电子转移能力远胜于纳米晶，这除了与纳米晶结构电极过多的晶界导致传输能力下降有关外，可能与纳米孔结构能够形成一定的电子传输通道有关。这从电子传输时间也可以反映出来，两种薄膜电极的厚度基本一样，但纳米晶结构电极的电子传输时间 τ 是纳米多孔状结构的 1.8 倍。

6.4　小结

本书采用阶跃光诱导瞬态光电流法和强度调制光电流法研究了纳米结构 WO_3 电极光电作用下电荷的传输和在界面上的转移过程。在光生电荷转移过程中，纳米孔状 WO_3 电极空穴转移的一级反应动力学常数高于纳米晶电极一个数量级，这主要是由于前者具有更大的比表面积，能更充分与电解质接触形成更多的反应活性位点。此外，纳米晶结构电极过多的晶界及纳米孔结构的定向电子传输能力，使得前者的电子转移一级反应动力学常数明显低于后者，电子传输时间也更长。总的来说，光生电子产生、传输和复合过程中任何一个环节都将影响到 WO_3 光电极的性能，因此在设计制备高性能的光电化学池时要从这三个方面综合考虑。

参考文献

[1] Schilling M. A., Esmundo M. Technology S-curves in renewable energy alternatives: Analysis and implications for industry and government. Energ. Policy, 2009, 37 (5): 1767 - 1781.

[2] Rajeshwar K. Back to the future: Photoelectrochemistry, solar energy conversion and environmental remediation. ECS Meeting Abstracts, 2009, 901 (44): 1467 - 1467.

[3] Kim E. Y., Park J. H., Han G. Y. Design of TiO_2 nanotube array-based water-splitting reactor for hydrogen generation. J. Power Sources, 2008, 184 (1): 284 - 287.

[4] Liu Z., Pesic B., Raja K. S., et al. Hydrogen generation under sunlight by self ordered TiO_2 nanotube arrays. Int. J. Hydrogen. Energ, 2009, 34 (8): 3250 - 3257.

[5] Bai J., Liu Y., Li J., et al. A novel thin-layer photoelectrocatalytic (PEC) reactor with double-faced titania nanotube arrays electrode for effective degradation of tetracycline. Appl. Catal. B, 2010, 98 (3 - 4): 154 - 160.

[6] Zhang X., Zhang Y., Quan X., et al. Preparation of Ag doped $BiVO_4$ film and its enhanced photoelectrocatalytic (PEC) ability of phenol degradation under visible light. J. Hazard. Mater., 2009, 167 (1 - 3): 911 - 914.

[7] Lv K., Li X., Deng K., et al. Effect of phase structures on the photocatalytic activity of surface fluorinated TiO_2. Appl. Catal. B, 2010, 95 (3 - 4): 383 - 392.

[8] Xu C., Killmeyer R., Gray M. L., et al. Photocatalytic effect of carbon-modified n-TiO_2 nanoparticles under visible light illumination. Appl. Catal. B, 2006, 64 (3 - 4): 312 - 317.

[9] Bai J., Li J., Liu Y., et al. A new glass substrate photoelectrocatalytic electrode for efficient visible-light hydrogen production: CdS sensitized TiO_2 nanotube arrays. Appl. Catal. B, 2010, 95 (3 - 4): 408 - 413.

[10] Lin C. J., Yu Y. H., Liou Y. H. Free-standing TiO_2 nanotube array films sensitized with CdS as highly active solar light-driven photocatalysts. Appl. Catal. B, 2009, 93 (1 - 2): 119 - 125.

[11] Lee Y. L., Chi C. F., Liau S. Y. CdS/CdSe Co-sensitized TiO_2 photoelectrode for efficient hydrogen generation in a photoelectrochemical cell. Chem. Mater., 2009, 22 (3): 922 - 927.

[12] Deepa M., Srivastava A. K., Sharma S. N., et al. Microstructural and electrochromic properties of tungsten oxide thin films produced by surfactant mediated electrodeposition. Appl. Surf. Sci., 2008, 254 (8): 2342 - 2352.

[13] Hepel M., Redmond H., Dela I. Electrochromic WO_{3-x} films with reduced lattice deformation

stress and fast response time. Electrochim. Acta, 2007, 52 (11): 3541 -3549.

[14] Georg A., Graf W., Wittwer V. Switchable windows with tungsten oxide. Vacuum, 2008, 82 (7): 730 -735.

[15] He T., Yao J. Photochromic materials based on tungsten oxide. J. Mater. Chem., 2007, 17 (43): 4547 -4557.

[16] Yang M. H., Sun Y., Zhang D. S., et al. Using Pd/WO_3 composite thin films as sensing materials for optical fiber hydrogen sensors. Sensor Actuat. B-chem, 2010, 143 (2): 750 -753.

[17] Szilágyi I. M., Wang L., Gouma P. I., et al. Preparation of hexagonal WO_3 from hexagonal ammonium tungsten bronze for sensing NH_3. Mater. Res. Bull., 2009, 44 (3): 505 -508.

[18] Liu Y., Ohko Y., Zhang R., et al. Degradation of malachite green on Pd/WO_3 photocatalysts under simulated solar light. J. Hazard. Mater., 2010, 184 (1 -3): 386 -391.

[19] Kim H., Senthil K., Yong K. Photoelectrochemical and photocatalytic properties of tungsten oxide nanorods grown by thermal evaporation. Mater. Chem. Phys., 2010, 120 (2 -3): 452 -455.

[20] Hong S. J., Jun H., Borse P. H., et al. Size effects of WO_3 nanocrystals for photooxidation of water in particulate suspension and photoelectrochemical film systems. Int. J. Hydrogen. Energ, 2009, 34 (8): 3234 -3242.

[21] Yagi M., Maruyama S., Sone K., et al. Preparation and photoelectrocatalytic activity of a nano-structured WO_3 platelet film. J. Solid State Chem., 2008, 181 (1): 175 -182.

[22] Sadale S., Chaqour S., Gorochov O., et al. Photoelectrochemical and physical properties of tungsten trioxide films obtained by aerosol pyrolysis. Mater. Res. Bull., 2008, 43 (6): 1472 -1479.

[23] Yang B., Zhang Y., Drabarek E., et al. Enhanced photoelectrochemical activity of sol-gel tungsten trioxide films through textural control. Chem. Mater., 2007, 19 (23): 5664 -5672.

[24] Su J., Feng X., Sloppy J. D., et al. Vertically aligned WO_3 nanowire arrays grown directly on transparent conducting oxide coated glass: Synthesis and photoelectrochemical properties. Nano Lett., 2010, 11 (1): 203 -208.

[25] Meda L., Tozzola G., Tacca A., et al. Photo-electrochemical properties of nanostructured WO_3 prepared with different organic dispersing agents. Sol. Energ. Mat. Sol. C., 2010, 94 (5): 788 -796.

[26] 王薇. 我国钨资源生产和出口. 中国有色金属, 2010, (21): 64 -65.

[27] Granqvist C. G. Electrochromic tungsten oxide films: Review of progress 1993—1998. Sol. Energ. Mat. Sol. C., 2000, 60 (3): 201 -262.

[28] Hagg G., Schonberg N. Tungsten as a tungsten oxide. Acta Crystallographica, 1954, 7 (4): 351 -352.

[29] Begin-Colin S. , Le Caër G. , Zandona M. , et al. Influence of the nature of milling media on phase transformations induced by grinding in some oxides. J. Alloy. Compd. , 1995, 227 (2): 157 - 166.

[30] Vogt T. , Woodward P. , Hunter B. The high-temperature phases of WO_3. J. Solid State Chem. , 1999, 144 (1): 209 - 215.

[31] Cole B. , Marsen B. , Miller E. , et al. Evaluation of nitrogen doping of tungsten oxide for photoelectrochemical water splitting. J. Phys. Chem. C, 2008, 112 (13): 5213 - 5220.

[32] Tilley R. The energy of crystallographic shear plane formation in reduced tungsten trioxide. J. Solid State Chem. , 1976, 19 (1): 53 - 62.

[33] Hirose T. Structural phase transitions and semiconductor-metal transition in WO_3. J. Phys. Soc. Jpn. , 1980, 49 (2): 562 - 567.

[34] Al Mohammad A. , Gillet M. Phase transformations in WO_3 thin films during annealing. Thin Solid Films, 2002, 408 (1 - 2): 302 - 309.

[35] Nishide T. , Mizukami F. Crystal structures and optical properties of tungsten oxide films prepared by a complexing-agent-assisted sol-gel process. Thin Solid Films, 1995, 259 (2): 212 - 217.

[36] Woodward P. , Sleight A. , Vogt T. Ferroelectric tungsten trioxide. J. Solid State Chem. , 1997, 131 (1): 9 - 17.

[37] Marsen B. , Miller E. , Paluselli D. , et al. Progress in sputtered tungsten trioxide for photoelectrode applications. Int. J. Hydrogen. Energ, 2007, 32 (15): 3110 - 3115.

[38] Marsen B. , Cole B. , Miller E. Influence of sputter oxygen partial pressure on photoelectrochemical performance of tungsten oxide films. Sol. Energ. Mat. Sol. C. , 2007, 91 (20): 1954 - 1958.

[39] Gullapalli S. K. , Vemuri R. S. , Ramana C. V. Structural transformation induced changes in the optical properties of nanocrystalline tungsten oxide thin films. Appl. Phys. Lett. , 2010, 96 (17): 171903 - 171903.

[40] Gullapalli S. K. , Vemuri R. S. , Manciu F. S. , etal. Tungsten oxide thin films for application in advanced energy systems. AVS, 2010, 21: 824 - 828.

[41] Acosta M. , Gonzúlez D. , Riech I. Optical properties of tungsten oxide thin films by non-reactive sputtering. Thin Solid Films, 2009, 517 (18): 5442 - 5445.

[42] Santato C. , Ulmann M. , Augustynski J. Photoelectrochemical properties of nanostructured tungsten trioxide films. J. Phys. Chem. B, 2001, 105 (5): 936 - 940.

[43] Santato C. , Ulmann M. , Augustynski J. Enhanced visible light conversion efficiency using nanocrystalline WO_3 films. Adv. Mater. , 2001, 13 (7): 511 - 514.

[44] Santato C. , Odziemkowski M. , Ulmann M. , et al. Crystallographically oriented mesoporous WO_3 films: Synthesis, characterization, and applications. J. Am. Chem. Soc. , 2001, 123

(43): 10639 - 10649.

[45] Deepa M., Srivastava A., Saxena T., et al. Annealing induced microstructural evolution of electrodeposited electrochromic tungsten oxide films. Appl. Surf. Sci., 2005, 252 (5): 1568 - 1580.

[46] Baeck S. H., Choi K. S., Jaramillo T. F., et al. Enhancement of photocatalytic and electrochromic properties of electrochemically fabricated mesoporous WO_3 thin films. Adv. Mater., 2003, 15 (15): 1269 - 1273.

[47] Mukherjee N., Paulose M., Varghese O. K., et al. Fabrication of nanoporous tungsten oxide by galvanostatic anodization. J. Mater. Res., 2003, 18 (10): 2296 - 2299.

[48] Tsuchiya H., Macak J. M., Sieber I., et al. Self-organized porous WO_3 formed in NaF electrolytes. Electrochem. Commun., 2005, 7 (3): 295 - 298.

[49] Guo Y., Quan X., Lu N., et al. High photocatalytic capability of self-assembled nanoporous WO_3 with preferential orientation of (002) planes. Environ. Sci. Technol., 2007, 41 (12): 4422 - 4427.

[50] de Tacconi N. R., Chenthamarakshan C. R., Yogeeswaran G., et al. Nanoporous TiO_2 and WO_3 films by anodization of titanium and tungsten substrates: Influence of process variables on morphology and photoelectrochemical response. J. Phys. Chem. B, 2006, 110 (50): 25347 - 25355.

[51] Watcharenwong A., Chanmanee W., de Tacconi N. R., et al. Anodic growth of nanoporous WO_3 films: Morphology, photoelectrochemical response and photocatalytic activity for methylene blue and hexavalent chrome conversion. J. Electroanal. Chem., 2008, 612 (1): 112 - 120.

[52] Yang M., Shrestha N. K., Schmuki P. Thick porous tungsten trioxide films by anodization of tungsten in fluoride containing phosphoric acid electrolyte. Electrochem. Commun., 2009, 11 (10): 1908 - 1911.

[53] Hahn R., Macak J. M., Schmuki P. Rapid anodic growth of TiO_2 and WO_3 nanotubes in fluoride free electrolytes. Electrochem. Commun., 2007, 9 (5): 947 - 952.

[54] Kalantar-zadeh K., Sadek A., Zheng H., et al. Nanostructured WO_3 films using high temperature anodization. Sensor Actuat. B-chem, 2009, 142 (1): 230 - 235.

[55] Zhou J., Ding Y., Deng S., et al. Three-dimensional tungsten oxide nanowire networks. Adv. Mater., 2005, 17 (17): 2107 - 2109.

[56] Gu G., Zheng B., Han W. Q., et al. Tungsten oxide nanowires on tungsten substrates. Nano Lett., 2002, 2 (8): 849 - 851.

[57] Li Y., Bando Y., Golberg D. Quasi-aligned single-crystalline $W_{18}O_{49}$ nanotubes and nanowires. Adv. Mater., 2003, 15 (15): 1294 - 1296.

[58] Li Y. B., Bando Y., Golberg D., et al. WO_3 nanorods/nanobelts synthesized via physical vapor deposition process. Chem. Phys. Lett., 2003, 367 (1 - 2): 214 - 218.

[59] Monk P. M. S., Chester S. L. Electro-deposition of films of electrochromic tungsten oxide containing additional metal oxides. Electrochim. Acta, 1993, 38 (11): 1521-1526.

[60] Yang B., Li H., Blackford M., et al. Novel low density mesoporous WO_3 films prepared by electrodeposition. Curr. Apl. Phys., 2006, 6 (3): 436-439.

[61] Yu Z., Jia X., Du J., et al. Electrochromic WO_3 films prepared by a new electrodeposition method. Sol. Energ. Mat. Sol. C., 2000, 64 (1): 55-63.

[62] Maruyama T., Arai S. Electrochromic properties of tungsten trioxide thin films prepared by chemical vapor deposition. J. Electrochem. Soc., 1994, 141: 1021-1025.

[63] Maruyama T., Kanagawa T. Electrochromic properties of tungsten trioxide thin films prepared by photochemical vapor deposition. J. Electrochem. Soc., 1994, 141 (9): 2435-2438.

[64] Kirss R. U., Meda L. Chemical vapor deposition of tungsten oxide. Appl. Organomet. Chem., 1998, 12 (3): 155-160.

[65] Brescacin E., Basato M., Tondello E. Amorphous WO_3 films via chemical vapor deposition from metallorganic precursors containing phosphorus dopant. Chem. Mater., 1999, 11 (2): 314-323.

[66] Fujishima A. Electrochemical photolysis of water at a semiconductor electrode. Nature, 1972, 238: 37-38.

[67] Vidyarthi V. S., Hofmann M., Savan A., et al. Enhanced photoelectrochemical properties of WO_3 thin films fabricated by reactive magnetron sputtering. Int. J. Hydrogen. Energ, 2011, 36 (8): 4724-4731.

[68] Thambidurai M., Muthukumarasamy N., Sabari Arul N., et al. CdS quantum dot-sensitized ZnO nanorod-based photoelectrochemical solar cells. J. Nanopart. Res., 2011(12): 1-7.

[69] Sharma V., Kumar P., Shrivastava J., et al. Vertically aligned nanocrystalline Cu - ZnO thin films for photoelectrochemical splitting of water. J. Mater. Sci., 2011, 46(11): 3792-3801.

[70] Kumar P., Sharma P., Shrivastav R., et al. Electrodeposited zirconium-doped α-Fe_2O_3 thin film for photoelectrochemical water splitting. Int. J. Hydrogen. Energ, 2011, 36(4): 2777-2784

[71] Huang Y., Wei Y., Cheng S., et al. Photocatalytic property of nitrogen-doped layered perovskite $K_2La_2Ti_3O_{10}$. Sol. Energ. Mat. Sol. C., 2010, 94 (5): 761-766.

[72] Hodes G., Cahen D., Manassen J. Tungsten trioxide as a photoanode for a photoelectrochemical cell (PEC). Nature, 1976, 260: 312-313.

[73] Sayama K., Yoshida R., Kusama H., et al. Photocatalytic decomposition of water into H_2 and O_2 by a two-step photoexcitation reaction using a WO_3 suspension catalyst and an Fe^{3+}/Fe^{2+} redox system. Chem. Phys. Lett., 1997, 277 (4): 387-391.

[74] Bamwenda G. R., Sayama K., Arakawa H. The effect of selected reaction parameters on the photoproduction of oxygen and hydrogen from a WO_3 - Fe^{2+} - Fe^{3+} aqueous suspension. J.

Photochem. Photobiol. A, 1999, 122 (3): 175 – 183.

[75] Abe R., Takata T., Sugihara H., et al. Photocatalytic overall water splitting under visible light by TaON and WO_3 with an IO_3^-/I^- shuttle redox mediator. Chem. Commun., 2005, 2005 (30): 3829 – 3831.

[76] Miller E. L., Marsen B., Cole B., et al. Low-temperature reactively sputtered tungsten oxide films for solar-powered water splitting applications. Electrochem. Solid-State Lett., 2006, 9: G248 – G250.

[77] Enesca A., Duta A., Schoonman J. Study of photoactivity of tungsten trioxide (WO_3) for water splitting. Thin Solid Films, 2007, 515 (16): 6371 – 6374.

[78] Xin G., Guo W., Ma T. L. Effect of annealing temperature on the photocatalytic activity of WO_3 for O_2 evolution. Appl. Surf. Sci., 2009, 256 (1): 165 – 169.

[79] Scaife D. E. Oxide semiconductors in photoelectrochemical conversion of solar energy. Sol. Energy, 1980, 25 (1): 41 – 54.

[80] Paluselli D., Marsen B., Miller E. L., et al. Nitrogen doping of reactively sputtered tungsten oxide films. Electrochem. Solid-State Lett., 2005, 8: G301 – G303.

[81] Cheng X., Leng W., Liu D., et al. Enhanced photoelectrocatalytic performance of Zn-doped WO_3 photocatalysts for nitrite ions degradation under visible light. Chemosphere, 2007, 68 (10): 1976 – 1984.

[82] Hepel M., Hazelton S. Photoelectrocatalytic degradation of diazo dyes on nanostructured WO_3 electrodes. Electrochim. Acta, 2005, 50 (25 – 26): 5278 – 5291.

[83] Luo J., Hepel M. Photoelectrochemical degradation of naphthol blue black diazo dye on WO_3 film electrode. Electrochim. Acta, 2001, 46 (19): 2913 – 2922.

[84] Dunne M., Corrigan O., Ramtoola Z. Influence of particle size and dissolution conditions on the degradation properties of polylactide-co-glycolide particles. Biomaterials., 2000, 21 (16): 1659 – 1668.

[85] Xu N., Shi Z., Fan Y., et al. Effects of particle size of TiO_2 on photocatalytic degradation of methylene blue in aqueous suspensions. Ind. Eng. Chem. Res., 1999, 38 (2): 373 – 379.

[86] Zheng H. D., Sadek A. Z., Latham K., et al. Nanoporous WO_3 from anodized RF sputtered tungsten thin films. Electrochem. Commun., 2009, 11 (4): 768 – 771.

[87] Nah Y. C., Paramasivam I., Hahn R., et al. Nitrogen doping of nanoporous WO_3 layers by NH_3 treatment for increased visible light photoresponse. Nanotechnology, 2010, 21 (10): 105704.

[88] Guo B., Liu Z., Hong L., et al. Sol-gel derived photocatalytic porous TiO_2 thin films. Surf. Coat. Tech., 2005, 198 (1 – 3): 24 – 29.

[89] Paulose M., Mor G., Varghese O., et al. Visible light photoelectrochemical and water-photoelectrolysis properties of titania nanotube arrays. J. Photochem. Photobiol. A, 2006, 178

(1): 8 - 15.

[90] Li J., Lu N., Quan X., et al. Facile method for fabricating boron-doped TiO_2 nanotube array with enhanced photoelectrocatalytic properties. Ind. Eng. Chem. Res., 2008, 47 (11): 3804 - 3808.

[91] Qu J., Gao X. P., Li G. R., et al. Structuretransformation and photoelectrochemical properties of TiO_2 nanomaterials calcined from titanate nanotubes. J. Phys. Chem. C, 2009, 113 (8): 3359 - 3363.

[92] Zhang J., Tu J. P., Xia X. H., et al. Hydrothermally synthesized WO_3 nanowire arrays with highly improved electrochromic performance. J. Mater. Chem., 2011: 5492 - 5498.

[93] Su J., Feng X., Sloppy J. D., et al. Vertically aligned WO_3 nanowire arrays grown directly on transparent conducting oxide coated glass: Synthesis and photoelectrochemical properties. Nano Lett., 2011, 11(1): 203 - 208.

[94] Chakrapani V., Thangala J., Sunkara M. WO_3 and W_2N nanowire arrays for photoelectrochemical hydrogen production. Int. J. Hydrogen. Energ, 2009, 34(22): 9050 - 9059

[95] Xiang Q., Meng G. F., Zhao H. B., et al. Au nanoparticle modified WO_3 nanorods with their enhanced properties for photocatalysis and gas sensing. J. Phys. Chem. C, 2010, 114 (5): 2049 - 2055.

[96] Helgesen M., S ndergaard R., Krebs F. C. Advanced materials and processes for polymer solar cell devices. J. Mater. Chem., 2009, 20 (1): 36 - 60.

[97] Sivakov V., Andr G., Gawlik A., et al. Silicon nanowire-based solar cells on glass: Synthesis, optical properties, and cell parameters. Nano Lett., 2009, 9 (4): 1549 - 1554.

[98] Ogura R. Y., Nakane S., Morooka M., et al. High-performance dye-sensitized solar cell with a multiple dye system. Appl. Phys. Lett., 2009, 94: 073308 - 073313.

[99] Kim H., Senthil K., Yong K. Photoelectrochemical and photocatalytic properties of tungsten oxide nanorods grown by thermal evaporation. Mater. Chem. Phys., 2010, 120(2 - 3): 452 - 455.

[100] Solarska R., Alexander B., Augustynski J. Electrochromic and photoelectrochemical characteristics of nanostructured WO_3 films prepared by a sol-gel method. Comptes rendus-Chimie, 2006, 9 (2): 301 - 306.

[101] Zheng H., Tachibana Y., Kalantar-zadeh K. Dye-sensitized solar cells based on WO_3. Langmuir., 2010, 26 (24): 19148 - 19152.

[102] Srivastava A., Agnihotry S., Deepa M. Sol-gel derived tungsten oxide films with pseudocubic triclinic nanorods and nanoparticles. Thin Solid Films, 2006, 515 (4): 1419 - 1423.

[103] Zhao Z. G., Miyauchi M. Nanoporous-walled tungsten oxide nanotubes as highly active visible-light-driven photocatalysts. Angew. Chem. Int. Ed., 2008, 47 (37): 7051 - 7055.

[104] Ho W., Yu J. C. Synthesis of hierarchical nanoporous F-doped TiO_2 spheres with visible light photocatalytic activity. Chem. Commun., 2006 (10): 1115 - 1117.

[105] Li W., Li J., Wang X., et al. Photoelectrochemical and physical properties of WO_3 films obtained by the polymeric precursor method. Int. J. Hydrogen. Energ, 2010, 35 (24): 13137 - 13145.

[106] Berger S., Tsuchiya H., Ghicov A., et al. High photocurrent conversion efficiency in self-organized porous WO_3. Appl. Phys. Lett., 2006, 88: 203119 - 203121.

[107] Zheng H., Sadek A., Latham K., et al. Nanoporous WO_3 from anodized RF sputtered tungsten thin films. Electrochem. Commun., 2009, 11 (4): 768 - 771.

[108] Ashokkumar M., Maruthamuthu P. Photocatalytic hydrogen production with semiconductor particulate systems: An effort to enhance the efficiency. Int. J. Hydrogen Energy, 1991, 16 (9): 591 - 595.

[109] Bittencourt C., Llobet E., Ivanov P., et al. Ag induced modifications on WO_3 films studied by AFM, Raman and x-ray photoelectron spectroscopy. J. Phys. D: Appl. Phys., 2004, 37 (24): 3383 - 3391.

[110] Bittencourt C., Felten A., Mirabella F., et al. High-resolution photoelectron spectroscopy studies on WO_3 films modified by Ag addition. J. Phys.: Condens. Matter, 2005, 17: 6813 - 6818.

[111] Wang P., Huang B., Qin X., et al. $Ag/AgBr/WO_3 \cdot H_2O$: Visible-light photocatalyst for bacteria destruction. Inorg. Chem., 2009, 48 (22): 10697 - 10702.

[112] Sun S., Wang W., Zeng S., et al. Preparation of ordered mesoporous Ag/WO_3 and its highly efficient degradation of acetaldehyde under visible-light irradiation. J. Hazard. Mater., 2010, 178 (1 - 3): 427 - 433.

[113] Pan J. H., Lee W. I. Preparation of Highly Ordered Cubic Mesoporous WO_3/TiO_2 Films and Their Photocatalytic Properties. Chem. Mater., 2006, 18 (3): 847 - 853.

[114] Li Y., Liu J., Huang X., et al. Hydrothermal synthesis of Bi_2WO_6 uniform hierarchical microspheres. Cryst. Growth Des., 2007, 7 (7): 1350 - 1355.

[115] Wu J., Duan F., Zheng Y., et al. Synthesis of Bi_2WO_6 nanoplate-built hierarchical nest-like structures with visible-light-induced photocatalytic activity. J. Phys. Chem. C, 2007, 111 (34): 12866 - 12871.

[116] Tang J., Zou Z., Ye J. Photophysical and photocatalytic properties of $AgInW_2O_8$. J. Phys. Chem. B, 2003, 107 (51): 14265 - 14269.

[117] Lin J., Lin J., Zhu Y. Controlled synthesis of the $ZnWO_4$ nanostructure and effects on the photocatalytic performance. Inorg. Chem., 2007, 46 (20): 8372 - 8378.

[118] Asahi R., Morikawa T., Ohwaki T., et al. Visible-light photocatalysis in nitrogen-doped titanium oxides. Science, 2001, 293 (5528): 269 - 271.

[119] Sun Y., Murphy C., Reyes-Gil K., et al. Photoelectrochemical and structural characterization of carbon-doped WO_3 films prepared via spray pyrolysis. Int. J. Hydrogen. Energ, 2009, 34 (20): 8476 - 8484.

[120] Khan S. U. M., Al-Shahry M., Ingler Jr W. B. Efficient photochemical water splitting by a chemically modified $n-TiO_2$. Science, 2002, 297 (5590): 2243 - 2245.

[121] Irie H., Watanabe Y., Hashimoto K. Carbon-doped anatase TiO_2 powders as a visible-light sensitive photocatalyst. Chem. Lett., 2003, 32 (8): 772 - 773.

[122] Nagaveni K., Hegde M., Ravishankar N., et al. Synthesis and structure of nanocrystalline TiO_2 with lower band gap showing high photocatalytic activity. Langmuir., 2004, 20 (7): 2900 - 2907.

[123] Ohno T., Mitsui T., Matsumura M. Photocatalytic activity of S-doped TiO_2 photocatalyst under visible light. Chem. Lett., 2003, 32 (4): 364 - 365.

[124] Ohno T. Preparation of visible light active S-doped TiO_2 photocatalysts and their photocatalytic activities. Water Sci. Technol., 2004, 49 (4): 159 - 163.

[125] Yu J. C., Ho W., Yu J., et al. Efficient visible-light-induced photocatalytic disinfection on sulfur-doped nanocrystalline titania. Environ. Sci. Technol., 2005, 39 (4): 1175 - 1179.

[126] Umebayashi T., Yamaki T., Itoh H., et al. Band gap narrowing of titanium dioxide by sulfur doping. Appl. Phys. Lett., 2002, 81: 454 - 456.

[127] Umebayashi T., Yamaki T., Tanaka S., et al. Visible light-induced degradation of methylene blue on S-doped TiO_2. Chem. Lett., 2003, 32 (4): 330 - 331.

[128] Umebayashi T., Yamaki T., Yamamoto S., et al. Sulfur-doping of rutile-titanium dioxide by ion implantation: Photocurrent spectroscopy and first-principles band calculation studies. J. Appl. Phys., 2003, 93: 5156 - 5160.

[129] Li D., Haneda H., Hishita S., et al. Fluorine-doped TiO_2 powders prepared by spray pyrolysis and their improved photocatalytic activity for decomposition of gas-phase acetaldehyde. J. Fluorine Chem., 2005, 126 (1): 69 - 77.

[130] Xu J., Ao Y., Fu D., et al. Low-temperature preparation of F-doped TiO_2 film and its photocatalytic activity under solar light. Appl. Surf. Sci., 2008, 254 (10): 3033 - 3038.

[131] Yamaki T., Umebayashi T., Sumita T., et al. Fluorine-doping in titanium dioxide by ion implantation technique. Nucl. Instrum. Methods Phys. Res. B, 2003, 206: 254 - 258.

[132] Hattori A., Shimoda K., Tada H., et al. Photoreactivity of sol-gel TiO_2 films formed on soda-lime glass substrates: Effect of SiO_2 underlayer containing fluorine. Langmuir., 1999, 15 (16): 5422 - 5425.

[133] Yu J. C., Yu J., Ho W., et al. Effects of F^- doping on the photocatalytic activity and microstructures of nanocrystalline TiO_2 powders. Chem. Mater., 2002, 14 (9): 3808 - 3816.

[134] In S., Orlov A., Berg R., et al. Effective visible light-activated B-doped and B, N-codoped TiO_2 photocatalysts. J. Am. Chem. Soc., 2007, 129 (45): 13790 - 13791.

[135] Su Y., Han S., Zhang X., et al. Preparation and visible-light-driven photoelectrocatalytic properties of boron-doped TiO_2 nanotubes. Mater. Chem. Phys., 2008, 110 (2 - 3): 239 - 246.

[136] Lu N., Zhao H., Li J., et al. Characterization of boron-doped TiO_2 nanotube arrays prepared by electrochemical method and its visible light activity. Sep. Purif. Technol., 2008, 62 (3): 668 - 673.

[137] Fittipaldi M., Gombac V., Montini T., et al. A high-frequency (95 GHz) electron paramagnetic resonance study of B-doped TiO_2 photocatalysts. Inorg. Chim. Acta, 2008, 361 (14 - 15): 3980 - 3987.

[138] Li W., Li J., Wang X., et al. Effect of citric acid on photoelectrochemical properties of tungsten trioxide films prepared by the polymeric precursor method. Appl. Surf. Sci., 2010, 256 (23): 7077 - 7082.

[139] Li W., Li J., Wang X., et al. Visible light photoelectrochemical responsiveness of self-organized nanoporous WO_3 films. Electrochim. Acta, 2010, 56 (1): 620 - 625.

[140] Deepa M., Kar M., Singh D. P., et al. Influence of polyethylene glycol template on microstructure and electrochromic properties of tungsten oxide. Sol. Energ. Mat. Sol. C., 2008, 92 (2): 170 - 178.

[141] Frey G. L., Rothschild A., Sloan J., et al. Investigations of nonstoichiometric tungsten oxide nanoparticles. J. Solid State Chem., 2001, 162 (2): 300 - 314.

[142] De Buysser K., Vaniessche I., Vermeir P., et al. EXAFS analysis of blue luminescence in polyoxytungstate citrate gels. Phys. Status. Solidi-B., 2008, 245 (11): 2483 - 2489.

[143] Gao H., Wang Y. Preparation of (Gd, Y) AlO_3: Eu^{3+} by citric-gel method and their photoluminescence under VUV excitation. J. Lumin., 2007, 122: 997 - 999.

[144] Zhou R., Song J., Yang Q., et al. Syntheses, structures and magnetic properties of a series of 2D and 3D lanthanide complexes constructed by citric ligand. J. Mol. Struct., 2008, 877 (1 - 3): 115 - 122.

[145] Cervilla A., Ramirez J., Llopis E. Compounds of tungsten (VI) with citric acid: A spectrophotometric, polarimetric and hydrogen - 1, carbon - 13 NMR study of the formation and interconversion equilibria in aqueous solution. Transit. Metal Chem., 1986, 11 (5): 186 - 192.

[146] Zhang H., Zhao H., Jiang Y. Q., et al. pH - and mol-ratio dependent tungsten(VI)-citrate speciation from aqueous solutions: Syntheses, spectroscopic properties and crystal structures. Inorg. Chim. Acta, 2003, 351: 311 - 318.

[147] Pang M., Lin J., Wang S., et al. Luminescent properties of rare-earth-doped phosphor films.

Journal of Physics: Condensed Matter, 2003, 15: 5157 -5169.

[148] Ryczkowski J. IR studies of EDTA alkaline salts interaction with the surface of inorganic oxides. Appl. Surf. Sci., 2005, 252 (3): 813 -822.

[149] Ryczkowski J. Spectroscopic evidences of EDTA interaction with inorganic supports during the preparation of supported metal catalysts. Vib. Spectrosc., 2007, 43 (1): 203 -209.

[150] Ibeh B., Zhang S., Hill J. M. Effect of citric acid on the synthesis of tungsten phosphide hydrotreating catalysts. Appl. Catal. A - Gen., 2009, 368 (1 -2): 127 -131.

[151] Petrova N., Todorovska R., Todorovsky D. Spray-pyrolysis deposition of CeO_2 thin films using citric or tartaric complexes as starting materials. Solid State Ionics, 2006, 177 (5 -6): 613 -621.

[152] Yang W. D., Chang Y. H., Huang S. H. Influence of molar ratio of citric acid to metal ions on preparation of $La_{0.67}Sr_{0.33}MnO_3$ materials via polymerizable complex process. J. Eur. Ceram. Soc., 2005, 25 (16): 3611 -3618.

[153] Ramana C., Utsunomiya S., Ewing R., et al. Structural stability and phase transitions in WO_3 thin films. J. Phys. Chem. B, 2006, 110 (21): 10430 -10435.

[154] Sun H. T., Cantalini C., Lozzi L., et al. Microstructural effect on NO_2 sensitivity of WO_3 thin film gas sensors Part 1. Thin film devices, sensors and actuators. Thin Solid Films, 1996, 287 (1 -2): 258 -265.

[155] Al Mohammad A. Effect of substrate structures on epitaxial growth and electrical properties of WO_3 thin films deposited on and (0001) Al_2O_3 surfaces. Vacuum, 2009, 83 (11): 1326 -1332.

[156] Varghese K. G., Vaidyan V. K. Phase transition studies of WO_3 nanoparticles by XRD and FT Raman spectroscopy. AIP Conf Proc, 2008, 1075: 121 -124.

[157] Lee K., Seo W., Park J. Synthesis and optical properties of colloidal tungsten oxide nanorods. J. Am. Chem. Soc., 2003, 125 (12): 3408 -3409.

[158] Szilágyi I., Saukko S., Mizsei J., et al. Gas sensing selectivity of hexagonal and monoclinic WO_3 to H_2S. Solid State Sci., 2010, 12(11): 1857 -1860.

[159] Kominami H., Yabutani K., Yamamoto T., et al. Synthesis of highly active tungsten (VI) oxide photocatalysts for oxygen evolution by hydrothermal treatment of aqueous tungstic acid solutions. J. Mater. Chem., 2001, 11 (12): 3222 -3227.

[160] Usami A. Theoretical study of application of multiple scattering of light to a dye-sensitized nanocrystalline photoelectrichemical cell. Chem. Phys. Lett., 1997, 277 (1 - 3): 105 -108.

[161] Usami A. Theoretical simulations of optical confinement in dye-sensitized nanocrystalline solar cells. Sol. Energ. Mat. Sol. C., 2000, 64 (1): 73 -83.

[162] Su L., Zhang L., Fang J., et al. Electrochromic and photoelectrochemical behavior of

electrodeposited tungsten trioxide films. Sol. Energ. Mat. Sol. C., 1999, 58 (2): 133 - 140.

[163] Sivakumar R., Moses Ezhil Raj A., Subramanian B., et al. Preparation and characterization of spray deposited n-type WO_3 thin films for electrochromic devices. Mater. Res. Bull., 2004, 39 (10): 1479 - 1489.

[164] Cheng X., Leng W., Liu D., et al. Electrochemical preparation and characterization of surface-fluorinated TiO_2 nanoporous film and its enhanced photoelectrochemical and photocatalytic properties. J. Phys. Chem. C, 2008, 112 (23): 8725 - 8734.

[165] Butler M. Photoelectrolysis and physical properties of the semiconducting electrode WO_3. J. Appl. Phys., 1977, 48: 1914 - 1920.

[166] Kenny N., Kannewurf C., Whitmore D. Optical absorption coefficients of vanadium pentoxide single crystals. J. Phys. Chem. Solids, 1966, 27 (8): 1237 - 1246.

[167] Tafalla D., Salvador P., Benito R. M. Kinetic approach to the photocurrent transients in water photoelectrolysis at n - TiO_2 electrodes. J. Electrochem. Soc., 1990, 137: 1810 - 1815.

[168] Nah Y. C., Paramasivam I., Hahn R., et al. Nitrogen doping of nanoporous WO_3 layers by NH_3 treatment for increased visible light photoresponse. Nanotechnology, 2010, 21: 105704 - 105710.

[169] Zhao J., Wang X., Kang Y., et al. Photoelectrochemical activities of W-doped titania nanotube arrays fabricated by anodization. IEEE Photon. Technol. Lett., 2008, 20 (14): 1213 - 1215.

[170] Kim D., Fujimoto S., Schmuki P., et al. Nitrogen doped anodic TiO_2 nanotubes grown from nitrogen-containing Ti alloys. Electrochem. Commun., 2008, 10: 910 - 913.

[171] Hahn R., Ghicov A., Salonen J., et al. Carbon doping of self-organized TiO_2 nanotube layers by thermal acetylene treatment. Nanotechnology, 2007, 18: 105604 - 105608.

[172] Ghicov A., Schmidt B., Kunze J., et al. Photoresponse in the visible range from Cr doped TiO_2 nanotubes. Chem. Phys. Lett., 2007, 433 (4 - 6): 323 - 326.

[173] Vitiello R. P., Macak J. M., Ghicov A., et al. N-Doping of anodic TiO_2 nanotubes using heat treatment in ammonia. Electrochem. Commun., 2006, 8 (4): 544 - 548.

[174] Park J. H., Kim S., Bard A. J. Novel carbon-doped TiO_2 nanotube arrays with high aspect ratios for efficient solar water splitting. Nano Lett., 2006, 6 (1): 24 - 28.

[175] Macak J. M., Ghicov A., Hahn R., et al. Photoelectrochemical properties of N-doped self-organized titania nanotube layers with different thicknesses. J. Mater. Res., 2006, 21 (11): 2824 - 2828.

[176] Ghicov A., Macak J. M., Tsuchiya H., et al. Ion implantation and annealing for an efficient N-doping of TiO_2 nanotubes. Nano Lett., 2006, 6 (5): 1080 - 1082.

[177] Jung Y. S., Na E. S., Paik U., et al. A study on the phase transition and characteristics of

rare earth elements doped $BaTiO_3$. Mater. Res. Bull., 2002, 37 (9): 1633 – 1640.

[178] Liqiang J., Xiaojun S., Baifu X., et al. The preparation and characterization of La doped TiO_2 nanoparticles and their photocatalytic activity. J. Solid State Chem., 2004, 177 (10): 3375 – 3382.

[179] Shi J., Zheng J., Hu Y., et al. Photocatalytic degradation of methyl orange in water by samarium-doped TiO_2. Environ. Eng. Sci., 2008, 25 (4): 489 – 496.

[180] Li X. B., Jiang X. Y., Huang J. H., et al. Photocatalytic activity for water decomposition to hydrogen over nitrogen-doped TiO_2 nanoparticle. Chinese. J. Chem., 2008, 26 (12): 2161 – 2164.

[181] Irie H., Watanabe Y., Hashimoto K. Nitrogen-concentration dependence on ohotocatalytic activity of $TiO_{2-x}N_x$ powders. J. Phys. Chem. B, 2003, 107 (23): 5483 – 5486.

[182] Chang M. T., Chou L. J., Chueh Y. L., et al. Nitrogen-doped tungsten oxide nanowires: Low-temperature synthesis on Si, and electrical, optical, and field-emission properties. Small, 2007, 3 (4): 658 – 664.

[183] Li J., Peter L. M. Surface recombination at semiconductor electrodes : Part Ⅲ. Steady-state and intensity modulated photocurrent response. J. Electroanal. Chem., 1985, 193 (1 – 2): 27 – 47.

[184] Li J., Peter L. M. Surface recombination at semiconductor electrodes : Part iv. Steady-state and intensity modulated photocurrents at n-GaAs electrodes. J. Electroanal. Chem., 1986, 199 (1): 1 – 26.

[185] De Jongh P. E., Vanmaekelbergh D. Trap-limited electronic transport in assemblies of nanometer-size TiO_2 particles. Phys. Rev. Lett., 1996, 77 (16): 3427.

[186] Goossens A. Intensity-modulated photocurrent spectroscopy of thin anodic films on titanium. Surf. Sci., 1996, 365 (3): 662 – 671.

[187] De Jongh P. E., Vanmaekelbergh D. Investigation of the electronic transport properties of nanocrystalline particulate TiO_2 electrodes by Intensity-Modulated Photocurrent Spectroscopy. J. Phys. Chem. B, 1997, 101 (14): 2716 – 2722.

[188] Dloczik L., Ileperuma O., Lauermann I., et al. Dynamic response of dye-sensitized nanocrystalline solar cells: Characterization by Intensity-Modulated Photocurrent Spectroscopy. J. Phys. Chem. B, 1997, 101 (49): 10281 – 10289.

[189] Fermín D. J., Ponomarev E. A., Peter L. M. A kinetic study of CdS photocorrosion by intensity modulated photocurrent and photoelectrochemical impedance spectroscopy. J. Electroanal. Chem., 1999, 473 (1 – 2): 192 – 203.

[190] Hickey S. G., Riley D. J. Photoelectrochemical studies of CdS nanoparticle-modified electrodes. J. Phys. Chem. B, 1999, 103 (22): 4599 – 4602.

[191] Hickey S., Riley D., Tull E. Photoelectrochemical studies of CdS nanoparticle modified

electrodes: Absorption and photocurrent investigations. J. Phys. Chem. B, 2000, 104 (32): 7623 – 7626.

[192] Hickey S. G. , Riley D. J. Intensity modulated photocurrent spectroscopy studies of CdS nanoparticle modified electrodes. Electrochim. Acta, 2000, 45 (20): 3277 – 3282.

[193] Radecka M. , Sobas P. , Wierzbicka M. , et al. Photoelectrochemical properties of undoped and Ti-doped WO_3. Physica. B. , 2005, 364 (1 – 4): 85 – 92.

[194] Hagfeldt A. , Lindstrom H. , Sodergren S. , et al. Photoelectrochemical studies of colloidal TiO_2 films: The effect of oxygen studied by photocurrent transients. J. Electroanal. Chem. , 1995, 381 (1 – 2): 39 – 46.

[195] Krüger J. , Plass R. , Grätzel M. , et al. Charge transport and back reaction in solid-state dye-sensitized solar cells: A study using Intensity-modulated photovoltage and photocurrent spectroscopy. J. Phys. Chem. B, 2003, 107 (31): 7536 – 7539.

图书在版编目(CIP)数据

氧化钨基纳米结构薄膜电极的制备及光电性能/李文章,李洁著.
—长沙:中南大学出版社,2015.11
ISBN 978-7-5487-2071-3

Ⅰ.氧... Ⅱ.①李...②李... Ⅲ.氧化钨-纳米材料-薄膜-电极-研究 Ⅳ.O646.54

中国版本图书馆 CIP 数据核字(2015)第 300286 号

氧化钨基纳米结构薄膜电极的制备及光电性能

李文章 李 洁 著

□**责任编辑** 史海燕
□**责任印制** 易建国
□**出版发行** 中南大学出版社
社址:长沙市麓山南路　　邮编:410083
发行科电话:0731-88876770　　传真:0731-88710482
□**印　　装** 长沙鸿和印务有限公司

□**开　　本** 720×1000 1/16 □**印张** 8.5 □**字数** 166 千字
□**版　　次** 2015 年 11 月第 1 版 □**印次** 2015 年 11 月第 1 次印刷
□**书　　号** ISBN 978-7-5487-2071-3
□**定　　价** 46.00 元